Renée Zucker

Berlin ist anderswo

Rowohlt · Berlin

1. Auflage März 1995

Umschlaggestaltung Walter Hellmann
(Gemälde «Der Traum des Menelaos»
von Sigmar Polke. Dispersion auf Leinwand,
1982. Privatsammlung)
Satz aus der Aldus (Linotronic 500)
Gesamtherstellung Clausen & Bosse, Leck
Printed in Germany
ISBN 3 87134 098 7

ROWOHLT
BERLIN

Das Leben geht weiter. Auch für die,
die geschieden, pleite und
schlampig sind.

Walter Matthau in «Ein seltsames Paar»

Inhalt

Ein Hund mit schlechtem Karma

Seit Jahren hatte Kaspar immer wieder gefragt, wann wir denn nun endlich einen Hund kaufen. Und seit Jahren hatte ich diese Frage mit freundlichem Verständnis und der heimlichen eigenen Sehnsucht auf die sehr vernünftige Weise beantwortet: «Eine Stadt ist doch gar nicht gut für einen Hund. Und denk nur an die Hundescheiße auf den Bürgersteigen, aber wenn wir mal eine Wohnung mit Garten haben, dann sofort.» Inzwischen war Kaspar so alt geworden, daß er bald ausziehen würde, und die Aussicht, eine bezahlbare Wohnung mit Garten zu finden, war dahingeschwunden wie die eigene Jugend und Schönheit.

Wieder also so ein frühsommerlicher Samstagmorgen, der damit begann, daß sich ein verschlafener Teenager, noch halb im Traum, mit harten Ellenbogen und knochigen Beinen auf mein Bett warf, mitten in stürmischer Umarmung innehielt – plötzlich schien ihm bewußt geworden, wer ich war – und sehnsüchtig aufseufzte: «Ach, ich hätte so gerne einen Hund!» und ich mich mit schlechtem Gewissen an eigene Begierden in jenem Alter erinnerte, wo man nicht wußte, auf wen man die ganze Liebe schmeißen sollte. Also, mit den Schrippen die «Zweite Hand» gekauft, und während ich noch unentschlossen Nutella auf Brötchenhälften verschmierte, studierte das Kind schon die Seite «Tiere, Verkauf».

Acht Wochen alte schwarze Welpen zu verkaufen, lautete die Anzeige, und schwarz sollte, wenn überhaupt, ein Hund schon sein. Unter der angegebenen Telefonnummer meldete sich der Anrufbeantworter einer Ostberliner Kohlenhandlung, der meine Brennstoffbestellung gerne aufnehmen wollte. Eine Kohlenhandlung, die auch noch schwarze Hunde im Angebot hat, gefiel mir ausnehmend gut, so daß ich beim Rückruf der patenten Kohlenhändlerin auch recht artig auf ihre Frage antwortete, ob ich denn «autonom» sei. «Also, ich kann meinen Sohn und mich ernähren, für einen Hund wird's dann auch noch reichen.» «Nee, nee, det mein ick nich», bohrte sie weiter, «ick meine, ob Sie 'ne Hausbesetzerin sind – die tragen ja immer schwarz, deshalb wollen die ooch nur schwarze Hunde – und det hätten wir nu nich so jerne, det det Tier in so 'n Milljöh käme...» Daß ich da nicht selber drauf gekommen war! Mit entzücktem Erstaunen wies ich jegliches illegale Tun von mir, die Frau entschuldigte sich auch gleich für die Nachfrage, «aber man kann ja nich vorsichtich jenuch sein, wat glauben Sie, wat wir hier schon für Jestalten ankommen hatten.» Im übrigen sei sie nur die Nachbarin der eigentlichen Hundebesitzer, die nämlich kein Telefon hätten, aber ich könnte ja mal rumkommen.

Es folgte eine wahnsinnig komplizierte Wegbeschreibung zu einer Gartenkolonie in Weißensee – auch das noch – in den Osten, wo mir kein perfekt ausgeschilderter Stadtring mehr den Weg weist, wenn ich denn schon das heimatliche Charlottenburg verlassen muß. Der Berliner reist nämlich an und für sich nicht gerne in der eigenen Stadt herum, jeder bleibt am liebsten im eigenen Stadtteil, wo man schließlich alles hat, was man braucht, und selbst die Freunde sucht man seit der Maueröffnung höchstens noch zwischen Steglitz und Schöneberg auf und dann auch nur, wenn kein Berufsverkehr ist.

Aber Kaspar sah seine Chance gekommen und wollte sich durch nichts von dem angekündigten Vorhaben abbringen lassen. Der faule Sohn, den sonst nichts außer Hip-Hop hochbringen kann, entwickelte plötzlich ungeahnte organisatorische Fähigkeiten. Wo war der Stadtplan, wie hieß die Straße? Ratlos fuhren Mutter- und Kindfinger Namenlisten rauf und runter, und beide wunderten sich stöhnend über die Größe der neuen Stadt. Aussichtslos, je dorthin zu kommen, wo es nach Polen nur noch ein Katzensprung zu sein scheint. Wie zur Rettung stand plötzlich Louise, die schwarzamerikanische Nachbarin, in der Wohnung, eigentlich nur, um ein bißchen Kaffee zu erbitten, aber die Aussicht auf ein morgendliches Abenteuer mit Hundebaby ließ den abenteuerlustigen Adrenalinspiegel wie von alleine steigen, «Au ja, da fahr ich mit, da kenn ich mich aus.» Seit der Maueröffnung erteilte sie Umschülern im Osten Englischunterricht, bis nach Köpenick und Woltersdorf war sie schon gekommen, dagegen sei Weißensee ein Klacks!

Auf einem kleinen Platz vor der Laubenpieperanlage, direkt unter dem Schild «Brennstoffbedarf», wartete rauchend ein älterer Mann in dunkelbraunem Trainingsanzug und freute sich, daß wir da waren. Louises Anblick verblüffte ihn nur mäßig. Als er die Zigarette zu Ende geraucht hatte, hustete er anhaltend und zog sofort eine neue aus der HB-Schachtel. Am Gartentor begrüßten uns bellend zwei riesige schwanzwedelnde Hunde, gefolgt von einem kleinen, schwarzen Etwas und einer ebenfalls hustend rauchenden Frau. Sie war Straßenbahnfahrerin und er Frührentner.

Der kleine Hund war aus dem Wurf übriggeblieben, ein echter Restposten, deshalb auch besonders preiswert. «Wir hatten ja schon alle zwölwe weg», sagte die Frau und zupfte noch ein wenig verlegen fremdelnd ein paar Hundehaare von der stonewashed Jeans, während Kaspar verdächtig verliebt auf den kleinen Hund starrte, ihn hochhob, innig an die Knabenbrust drückte und mit ungewohnter Rührung den dunklen Fleck zur Kenntnis nahm, der sich nach und nach auf seinem kostbaren Timberland-Sweatshirt ausbreitete. «Aber diese hamse zurückjebracht, weil se den Leuten doch ssu viel jepullert hat – als wenn det nich normal wär in dem Alter», kommentierte die Straßenbahnfahrerin und ging vor uns den Steinweg entlang.

Der Garten war groß und von einem Teich mit Seerosen gekrönt, um den in lockerer Ansammlung viele frisch angemalte Zwerge lagerten. Am Zaun des Nachbargrundstücks standen ein paar aufeinandergestellte Kaninchenställe zwischen Tannenbäumen, davor gritzegrüner satter Rasen, auf dem die Hunde und Kaspar herumtollten. Ein Feld mit königsblauem Rittersporn, Marke «Völkerfrieden», wie ein herabhängendes Schildchen verriet; davor, wie kleine Mädchen bei der Kommunionsparade, waren zierliche weißgelbe Margeriten gepflanzt, dunkelrote und zitronengelbe Rosenbüsche zogen sich an der Seite entlang, und hier und dort prangte dick und stolz ein hellblau oder rosafarben blühender Hibiskusstrauch. Die farbenprächtige Idylle wurde allerdings von einer grauen Steinlaube in der äußersten Ecke des Gartens gestört, dem Sommerdomizil der beiden, die schon erwartungsvoll in der Tür standen und mit Zigaretten winkten.

Das Häuschen bestand aus einer Kochnische und einem Zimmer, das eine würzige Geruchsmischung von Hundepippi, nassem Teppich, kaltem und heißem Tabakrauch und altem Pansen verströmte. Im Zimmer dekorierten ein laufender Fernseher, ein Sessel und ein Sofa die erschlagende Gemütlichkeit. Auf dem braunen Sessel, dem eine Acryldecke mit Schottenmuster schmeicheln sollte, lag der Vater des Welpen, eine Sofaecke gehörte der Hundemutter; der Frührentner besetzte die andere, das Hündchen pinkelte schnell noch ein Seechen auf den Teppich, dessen Farbe einstmals grün gewesen sein mochte, und stand dann piepsend unter dem Sprelacart-Tisch.

Straßenbahnfahrerin, schwarze Louise, pubertierender Kaspar und ich drapierten uns auf Sessel- und Sofalehnen, und bis auf Kaspar rauchten alle erst mal eine. Aus der Küche holte die Frau zwölf Polaroidfotos von zwölf schwarzen Hundebabys, die alle gleich aussahen. Dann legte sie einen Impfpass auf den Tisch, aus dem hervorging, daß «Püppi» entwurmt und entstaupt war. «Guck mal», sagte ich zu Louise, den Schrecken beim Blick auf die erste Seite des Impfausweises verbergend, «sie hat am gleichen Tag Geburtstag wie unser Führer.» «Wie hübsch», lächelte Louise falsch. Da lachte die Straßenbahnfahrerin: «Ja, wa? Ick kam jerade von de Schicht nach Hause, et war so jejen dreie, da ham die mich hier alle mit Heil Hitler bejrüßt.»

Nun husteten wir alle und rauchten noch eine. Von diesem Augenblick an wußte ich mit entsetzlicher Klarheit: Dieser Hund würde unser Hund werden. Nicht nur wegen Kaspar und seinem ungestillten Schmusebedürfnis. Wegen des Geburtsdatums mußte ich meine Angst überwinden und das Tier von seinem schlechten Karma erlösen.

Plötzlich stand der erwachsene Sohn des Hauses im verqualmten Laubenzimmer. Freizeitanzug aus Raketenplaste an und Schnäuzer unter der Nase. Erst schnauzt er die Hunde, dann seine Eltern an. Uns beäugte er ohne Unterschied gleich mißtrauisch. Wahrscheinlich war er es gewesen, der zuerst die Neugeborenen mit Heil Hitler begrüßt hatte. Geld auf den Tisch, Impfpaß eingesteckt, die Alten, die zwei großen Hunde, bellend und schwanzwedelnd, das arme Hündchen hinterherhoppelnd, und wir zur Gartenpforte. Erst weinte die Straßenbahnfahrerin, dann der Frührentner. An der Pforte boten alle allen eine Zigarette an. Ich hatte die Straßenbahnfahrerin im Arm, Louise den Frührentner, Kaspar den Hund. Nachdem wir uns mehrmals versprochen hatten, uns von nun an ständig gegenseitig zu besuchen, gingen Straßenbahnfahrerin und Frührentner Arm in Arm, sich immer wieder umschauend, an den Gartenzwergen vorbei und wir mit dem neuen Hund zum Auto.

«Er soll Public Enemy oder Ice Cube heißen», sagte Kaspar vom Rücksitz, bevor er eine seiner abscheulichen Musikkassetten in den Recorder drückte. «Ach nein», antwortete ich ganz vorsichtig, weil wir die Namensdebatte schon geführt hatten, bevor überhaupt das Objekt dafür da war, «das ist ja viel zu lang beim Rufen. Lieber Waltraud.»

«Dann geh ich aber nicht mit dem raus», schrie Kaspar sofort los. «Aber ich ruf doch keinem Hund Public Enemy hinterher!» jaulte ich zurück.

«Wie wär es denn mit Slam – oder Predator, oder noch besser Snoop?» bot er jetzt artig an. «Quatsch, du weißt doch noch nicht mal, was das heißt», wurde ich allmählich wütend, «Emma! Wie wär es denn mit Emma?»

Kaspar schrie, ich schrie, Louise schrie ebenfalls und machte die Musik lauter. «To the Blind, Deaf and Dumb – hard to see 'em comin – but dey come, here dey come», dröhnte es aus vier Boxen, «Mann, mach leiser, der Hund kriegt ja Angst!» Kaspar hielt dem namenlosen Tier die Ohren zu und Louise schaltete das Radio aus. «Nennt ihn doch nach mir, ich bin schließlich seine Patentante», schlug sie vor. Kaspar schwieg höflich.

«Irgendwie ist mir richtig komisch bei diesem Geburtsdatum», gab ich leise zu bedenken – «20. April und dann noch aus'm Osten.» «Wir können ihn ja Eva nennen, oder noch besser Brauni», fing das dumme Kind wieder an rumzualbern, und ich beschloß, ab sofort nicht mehr weiter zu diskutieren. «Die heißt jetzt Hermine, genannt Mine und damit Schluß!»

«Aber dann könnte sie doch wenigstens Atom heißen», maulte Kaspar, aber diesmal nur noch verhalten, damit der Hund sich nicht wieder erschreckte.

Die nächsten drei Tage beobachtete ich das Tier aufs schärfste. Nicht nur, um es schreiend hochzureißen, wenn es sich hinhockte, um auf afghanischen Kelims seine Bächlein und Häufchen zu hinterlassen, sondern auch, um es bei etwaigen verdächtigen Verhaltensweisen zu erwischen, die auf einen schlechten Charakter hindeuten könnten. Wie verhielt sich der Hund, wenn uns ausländische Mitbürger entgegenkamen, wen begrüßte er schwanzwedelnd, wen mit Knurren? Wie reagierte er, wenn ich die Kassette mit den hebräischen Psalmen spielte? Einmal band ich ihn am Gitter des jüdischen Friedhofs von Weißensee an (weil Hunde dort nicht hinein dürfen), und er jaulte in den seltsamsten Stimmlagen.

«Wenn ich ihn vor Kaisers festbinde, tut er das nicht», berichtete ich Louise besorgt.

«Das kennt er eben auch besser», beruhigte mich die Nachbarin.

«Ein bißchen frech guckt er ja schon aus seinen engstehenden Augen», sagte meine Mutter nachdenklich, als sie den Hund zum ersten Mal sah, «möglicherweise hat er doch irgendeine kriminelle Energie.»

Aber das hatte ich beim Anblick des neugeborenen Kaspar auch gedacht.

Anna kommt jetzt nicht mehr

Sie hatte irgendwann kurz nach der Maueröffnung angerufen. Ein gemeinsamer französischer Bekannter hatte ihr während eines Demonstrationszuges gegen die Securitate in Bukarest, wo sie für einen Roman recherchiert hatte, meine Telefonnummer gegeben – nichts Ungewöhnliches in jenen Tagen, da wir eine Weile die Vision von Europa lebten und glaubten, so würde es jetzt für immer sein. «Hier ist Anna, und ich würde dich gerne treffen», schnurrte sie mit dunkler Stimme in langsam gesetzten Worten, die ihren italienischen Akzent noch schöner hervortreten ließen. Nachdem wir uns verabredet hatten, fragte sie noch nach der besten Buchhandlung, dem größten Musikgeschäft und einem kleinen Hotel.

Als ich das Restaurant am Ku'damm betrat, wußte ich, daß es nur diese mächtige, etwa fünfundfünzigjährige Frau sein konnte, die da am Ecktisch auf der Kunstlederbank mehr lag als saß, in der einen Hand ein Buch, mit der anderen ihre langen, wild abstehenden, graumelierten Haare zwirbelnd, während ihre leicht vorstehenden Zähne wütend auf dem Filterstück einer Zigarette mahlten.

«Was bedeutet das Wort ‹Wöchnerin›?» fragte sie, kaum daß ich saß. «Ich las es gerade in einem Satz in diesem wunderbaren Buch.» Sie hielt mir eine alte, zerlesene Ausgabe von «Die Aufzeichnungen des Malte Laurids Brigge» unter die Nase und hätte dabei mit den weiten Ärmeln ihrer langen, schwarzen Strickweste fast eine Karaffe mit Rotwein umgeworfen. Nachlässig schob sie die Karaffe zur Seite, gefährlich nah an die Tischkante. «Rilke ist ein wunderbarer Dichter», stieß sie den Rauch ihrer Zigarette durch die Nasenlöcher, «aber was ist das, eine ‹Wöchnerin›?» Während ich mir einen Weg auf die Bank durch ein Aufgebot von Plastiktüten, Schal, Mantel und Handschuhen bahnte, suchte ich etwas überrumpelt nach einer Erklärung für dieses altmodische

Wort, fand aber nur andere altmodische Wörter, wie «Wochenbett» oder «guter Hoffnung sein», aber da assoziierte sie schon längst den Advent als Zeit der Erwartung. «‹Guter Hoffnung sein›, das ist ein wunderbarer Ausdruck», wiederholte sie begeistert, «so sind wir also Wöchnerinnen im Advent.» Sie lächelte erfreut und sprang sogleich zu dem «wunderbaren» Licht der Gedächtniskirche, die sie eben vor unserer Verabredung besichtigt hatte.

Willig ließ ich mich auf ihr Tempo ein und erzählte von der Heilandskirche in Sacrow, die einzige christliche Kirche, in der ich keinen drohenden Zwang zur Demut verspüre. Sofort wollte sie mit mir dorthin – «fahren wir doch gleich morgen zu diesem wunderbaren Ort», schlug sie vor, und bezaubert stimmte ich zu. Von den Kirchen ging es weiter zur Musik: Welcher Dirigent die Johannes-Passion am schönsten interpretiert oder ob Bach unbedingt auf alten Instrumenten gespielt werden müsse; und ob ich den Film «Moses und Aaron» kenne – dabei biß sie in ihre Zigaretten, kippte ein Glas Wein nach dem anderen hinunter, und ich probierte unauffällig aus, wie es sich anfühlt, wenn man in Zigaretten beißt.

Inzwischen hingen wir beide schon reichlich schräg in den Bankecken, obwohl es erst früher Nachmittag war und die Geschäftsleute nach hastigem Tageskartenverzehr schon wieder in ihre Büros geeilt waren. Das ganze Restaurant samt Bedienung gehörte uns, und die Kellner schienen sich damit auch abgefunden zu haben. Vielleicht sahen sie in uns eine originelle Abwechslung im Gäste-Alltag von Immobilienhändlern, Gianni-Versace- oder Yves-St.-Laurent-Verkäufern und Fernsehproduzenten; auf jeden Fall brachten sie emsig abwechselnd Espressotäßchen und Weinkaraffen und deckten ungerührt um unser Kleider- und Tütenlager herum für den Abend ein.

Plötzlich griff Anna in eine der Plastiktüten und legte eine Kassette mit vier CDs vor mich auf den Tisch: Schuberts Streichquartette, gespielt vom Melos-Quartett. «Nimm du sie, ich kauf mir morgen eine neue – es ist eine fantastische Aufnahme», und ihre schwarzen Augen funkelten leidenschaftlich durch den Zigarettenqualm, während ihre ungewöhnlich zierlichen Hände ungeduldig die heruntergefallene Asche vom Pullover streiften und auf der Weste verteilten.

«Hat Jean-François dir auch die wunderbare Geschichte von Mazowiecki in Wien erzählt?» lachte sie meckernd, nachdem sie mir von den Reisen des Freundes durch Ungarn, Rumänien, Polen und die ČSSR berichtet hatte. «Er besitzt doch noch von den Großeltern eine Wohnung in Wien, die er Mazowiecki in der Zeit angeboten hatte, als der noch nicht Premierminister war. Ist er nicht ein wunderbarer Mann?» richtete sie sich auf und sann einen Moment der asketisch-katholischen Schönheit des polnischen Premierministers nach – «Du kennst ja Jean-François – er wollte es dem Gast natürlich besonders schön machen und stellte sogar eine frische Azalee neben das Sofa. Als er einen Tag nach Mazowieckis Abreise nach Wien kam, da fiel sein Blick auf die vollkommen vertrocknete Azalee – nicht nur, daß Mazowiecki dieser Pflanze nicht einen Tropfen Wasser gespendet hatte, nein, er hatte mindestens fünfzig Zigaretten im Topf ausgedrückt! Jean-François war so enttäuscht...» Wir bogen uns vor Vergnügen, bemerkten kaum, daß Gäste kamen und wieder gingen, wir tranken, aßen – erst ein Dessert, danach Wiener Schnitzel und noch ein Dessert, Kaffee, Rotwein, Zigaretten, alles durcheinander, und verließen nach zehn Stunden erschöpft das Lokal.

So lernte ich Anna kennen und lieben. Bis sie nach Warschau abreiste, verbrachten wir die Tage und Nächte mit Streifzügen durch Kirchen, Boutiquen, Museen, Buchhandlungen, Plattenläden, Cafés und Restaurants, wie man es nur in fremden Städten macht. In Berlin immer dann, wenn jemand von woanders herkommt und man sich auf den ersten Blick ineinander verliebt.

Von da an telefonierten wir öfter, wenn eine von uns gerade ein neues, «wunderbares» Buch las oder die allgemeine Weltlage gegenseitiger Erklärung und Beruhigung bedurfte. Von ihren persönlichen Verhältnissen sprach sie wenig. Ich wußte nur, daß sie aus einer deutsch-italienischen Familie stammte und schon seit ein paar Jahren in London lebte, nachdem sie fast alle westeuropäischen Großstädte hinter sich gelassen hatte. Auch wenn sie seit diesem ersten Treffen wenigstens zweimal im Jahr nach Berlin kam und wir unsere rasenden Gespräche und Ausflüge unverändert fortsetzten, als sei keine Zeit dazwischen vergangen, blieb sie auf eine seltsame Weise verschlossen, die jegliches Nachfragen von selbst verbot. Sie wohnte nie bei mir. Weil keine Vorhänge an den Fenstern seien und ihr das Sonnenlicht wehtue, sagte sie. Immer ging sie in das gleiche Hotel in der Nähe des Savignyplatzes. Ein häßlicher Bau mit riesigen, dunklen Zimmern, in denen pompöse Ehebetten mit goldumrandeten Stirnstücken auf den Besuch eines Königspaares zu warten schienen und wuchtige Samtsofas und Sessel in gedeckten Farben noch den Zigarrenrauch von 1920 konservierten.

Vergeblich versuchte ich, Anna von schöneren Hotels zu überzeugen, deren Zimmeraussicht nicht auf einen taubenverkackten Hinterhof, sondern auf glitzernde Seen oder grüne Parks führten. «Aber es ist ein wunderbares Hotel», beharrte sie mit ironischem Grinsen auf ihrer Wahl, «es hat einen römischen Nachtportier, der heute noch von Mussolini schwärmt, und das beruhigt doch kollossal, wenn man weiß, daß wenigstens noch ein paar Menschen die alten Werte bewahren und nicht jede Mode mitmachen. Außerdem gibt es einen Zeitungsladen um die Ecke, der unglaublich viele Zigarettensorten und fast alle internationalen Zeitungen führt.» Heute vermute ich, daß es einzig die schweren doppelten Damastvorhänge waren, die sie immer wieder dort hinzogen.

Vor zwei Jahren kam sie zum letzten Mal. Wir hatten uns für den Abend zum Essen verabredet. Am Vormittag wollte sie schreiben, am Nachmittag einen Spaziergang durch den Tiergarten machen und am nächsten Morgen nach Prag fliegen. Um sieben Uhr sollte ich sie am Hotel abholen. Um Viertel vor sieben wählte ich die Durchwahl zu ihrem Zimmer und bekam keine Antwort. Ich rief an der Rezeption an, um zu fragen, ob sie im Haus sei. Der Schlüssel hing am Brett, und niemand hatte sie weggehen sehen. Ich bat den Empfangschef, an ihre Tür zu klopfen. Nach zehn Minuten war er wieder zurück. «Sie muß im Zimmer sein. Es brennt Licht, und der Schlüssel steckt von innen.» Ein ungutes Gefühl stieg in mir hoch. «Wollen Sie vielleicht vorbeikommen und selbst mal klopfen?» bat der Portier fast. Fünf Minuten später rannte ich an ihm vorbei, die Treppen zu ihrem Zimmer hinauf. «Anna?» rief ich und klopfte mit dem Autoschlüssel gegen ihre Tür. «Anna?»

Nebenan wurde eine Tür geöffnet, und ein asiatischer Herr schaute mit verschlafener Mißbilligung heraus. «Sorry», entschuldigte ich mich, «Anna!!?» Ich klopfte noch stärker mit dem Schlüssel gegen die Tür. Der asiatische Herr zog sich wieder in sein Zimmer zurück. Ich raste zurück zum Portier, der zum Telefonhörer griff: «Ich rufe jetzt den Geschäftsführer an.» Ich bat ihn um eine Zange und einen Schraubenzieher. «Da komm ich jetzt nicht dran. Aber der Geschäftsführer ist gleich da.» Ich ging wieder nach oben und wiederholte meine Ruf- und Klopfaktion. «May be, she is not here...» versuchte ein zweiter asiatischer Herr aus dem Zimmer nebenan zu helfen, als er mich mit meinem Autoschlüssel am Türschloß herumfummeln sah. Wieder runter, wo inzwischen der Geschäftsführer mit einer Werkzeugtasche eingetroffen war, mir eine Cola anbot und fragte, ob ich Grund hätte, mir um meine Freundin Sorgen zu machen. Ich wußte nicht, ob ich Grund hatte, aber ich machte mir Sorgen. Gemeinsam gingen wir wieder hoch, riefen, klopften, versuchten mit dem Schraubenzieher den Schlüssel aus dem Schloß zu stoßen, die beiden Herren von nebenan traten mit Hut und Mantel aus dem Zimmer, nickten höflich und verschwanden im Aufzug. Wahrscheinlich suchten sie sich ein anderes Hotel. «Es hat keinen Zweck», kam der Geschäftsführer aus der Hocke hoch, «der Schlüssel ist umgedreht und steckt quer zum Schloß. Wir müssen die Feuerwehr rufen.»

Mittlerweile war es neun Uhr geworden. «Und wenn sie nur schläft?» sagte ich, um den Anruf bei der Feuerwehr noch hinauszuzögern. «Dann ist es ja gut», antwortete der Geschäftsführer knapp, und wir gingen wieder hinunter, wo eine schwedische Reisegruppe das Foyer mit lustigem Gebrüll und Koffergeschiebe erfüllte. Ich wich dem fragenden Blick des Portiers aus, der zwischen Formular- und Schlüsselausgabe hastig an einer Zigarette zog. «Die Feuerwehr ist unterwegs», vermeldete der Geschäftsführer aus einem Kabuff hinterm Tresen und fragte, ob ich noch eine Cola wollte. Ich wollte gar nichts, außer vielleicht aufs Klo oder nach Hause. Die Schwedengruppe stürzte lachend und lärmend zu den Aufzügen, zwei Rutger-Hauer-Klone zwinkerten mir verheißungsvoll zu, dann waren der Portier, der Geschäftsführer und ich wieder allein in der Lobby.

Das Tatütata der Sirenen war schon aus der Ferne zu hören. Mit kreischenden Bremsen hielt ein Löschzug vor dem markisenüberdachten Eingang, fünf große, dicke Feuerwehrmänner stürzten auf die Rezeption zu, dem Portier brach der Schweiß aus, der Geschäftsführer lächelte ein beschwichtigendes Geschäftsführerlächeln, und ich glaubte, Durchfall zu kriegen. Dann kam die Polizei.

Nach kurzer Erklärung der Sachlage gingen drei Feuerwehrmänner, zwei Polizisten, der Geschäftsführer und ich wieder hinauf. Während die Feuerwehrleute im Werkzeugkasten wühlten, wollte einer der Polizisten meine Personalien und die von Anna aufnehmen. Ich bekam Angst, schrie den Polizisten an, daß er mich damit in Ruhe lassen sollte, und drängte mich zu dem behelmten Feuerwehrmann durch, der inzwischen das Türschloß mit einer riesigen roten Zange bearbeitete. Einer der Polizisten hielt mich am Arm fest, das Schloß war geknackt, die drei Feuerwehrleute stürzten in Annas Zimmer, ich versuchte vergeblich, mich aus dem Polizeigriff zu befreien – zu spät! – von drinnen hörte ich laute Männerstimmen Annas Namen rufen. «Hallo!» dröhnten sie immer zwischendurch, «hallo!!!» Ich nutzte den Moment, als der Polizist irritiert durch das ständige Rufen war, und rannte ins Zimmer, die Polizisten hinter mir her – da sah ich Anna, meine liebe Anna mit aufgerissenen Augen und wirr abstehenden Haaren, aufrecht im Bett sitzen, panisch starrte sie auf die uniformierten Männer, den Mund wie zu einem Schrei halb geöffnet – ein Alptraum, ihrer oder meiner? – und plötzlich entdeckte sie mich, und ihr Blick veränderte sich in dieser Tausendstelsekunde von der panischen Angst zu einer einzigen enttäuschten Frage, die wie ein scharfkantiger Spaten in meinen Kopf fuhr – WARUM? Warum hast du mich verraten?

Und ich wühlte mich zwischen den großen Soldaten durch zu ihrem Bett, nahm einen ihrer dünnen weißen Arme in meine Hände, streichelte sinnlos an ihm auf und ab und sagte nur immer wieder: «Anna, ist gut, ist alles gut», und sie klapperte mit den Zähnen, wehrte meine Hände ab, zog sich die Bettdecke bis zum Kinn hoch. «Sie haben wohl Schlaftabletten genommen», dröhnte einer der Feuerwehrmänner, die andern packten polternd das Werkzeug in den Eisenkasten, der Geschäftsführer diskutierte mit den Polizisten, ich saß auf dem Bettrand und heulte.

«Komm' Se jetzt mal, daß wir die Formaljen erledjen können», rief einer der Polizisten. Die Feuerwehrmänner verließen mit «Schüß dann ooch» den Raum. «Ich komme gleich wieder», sagte ich zu Anna. Und «Wir waren doch für sieben Uhr verabredet – jetzt ist es schon elf», stammelte ich noch entschuldigend hinterher, aber sie schaute wie durch mich hindurch, sagte ganz ruhig und langsam: «Ich möchte mich jetzt ankleiden.» Und ich schloß die Tür hinter mir.

Später in der Nacht, als wir auf samtenen Sesseln kauerten und durcheinander redeten und heulten und kicherten, und Anna immer wieder «Mein Gott, was werden sie in diesem Hotel über mich sagen» einschob, «Der Portier wird es auf die Kommunisten schieben» oder «Jetzt werden sie mir hier kein Zimmer mehr geben» – da klärte es sich zwar nicht, warum sie das Rufen und Klopfen nicht gehört hatte, aber sie erzählte mir dafür die Geschichte ihrer Mutter. Eine Berliner Jüdin, der die Flucht über Prag nach Italien gelungen war. Dort wurde sie verhaftet und saß einige Jahre im Gefängnis. Im Jahr der Maueröffnung, bevor Anna zum ersten Mal nach Berlin kam, war sie nach langer Krankheit gestorben. «Am Ende sprach sie nur noch deutsch und wollte immer, daß ich ihr Rilke vorlas.»

An diesem Nachmittag war Anna zum ersten Mal in die Straße

im Tiergarten gegangen, in der ihre Mutter geboren und aufgewachsen war. «Das Haus gibt es nicht mehr, und die Straße heißt jetzt Hiroshimastraße», lachte sie bitter auf. Danach hatte sie sich hingelegt und war erst wieder aufgewacht, als die Soldaten kamen, um sie abzuholen. «Und ich dachte, du hättest mich denunziert», schluchzte sie mit hilflosem Lächeln, und mit einem Mal haßte ich diese Stadt.

Anna ist nicht mehr wiedergekommen. Einmal noch schickte sie eine Karte aus Madrid: «Spanien ist ein wunderbares Land. Am liebsten hatte meine Mutter die letzten Zeilen der zehnten Duineser Elegie.»

Und wir, die an *steigendes* Glück
denken, empfänden die Rührung,
die uns beinah bestürzt,
wenn ein Glückliches *fällt*.

Ein Ort wie ein Gebet

Am Anfang wußte man gar nicht wohin vor lauter Landschaft! Geradezu zwanghaft lasen selbst bornierteste Heimatverächter jeden neuen Reiseführer, der Tagesausflugstips für die Umgebung Berlins versprach; die Unsportlichsten kauften sich plötzlich Fahrräder und studierten günstige Radeltour-S-Bahnverbindungen – eine wahre Wochenendreiseeuphorie brach aus, die bei Nichtberlinern nur auf Kopfschütteln stieß, aber schließlich hatten wir jetzt auch, was in West- und Ostdeutschland schon immer da war: Umland.

In den Autos lagen zerfledderte Ausgaben von Fontanes «Wanderungen durch die Mark Brandenburg» oder literarische Reiseführer herum, und alle paar Monate erschienen neue Karten, auf denen auch der entlegenste Ort verzeichnet war, an den, weil militärisches Sperrgebiet, auch der östliche Wandersmann bisher nicht hatte vordringen können.

Noch im zweiten Jahr nach der Maueröffnung überbot man sich eifersüchtig mit den allerneuesten geografischen und historischen Entdeckungen. War man durch Zufall in ein wunderhübsches Dorf geraten, wo es zwar nur Soljanka und Jägerschnitzel, dafür aber den schönsten Wald gab, den man je in Deutschland gesehen hatte, dann winkte mit Sicherheit ein anderer müde ab und wußte von einem noch geheimeren Geheimtip: «Wenn ihr da nur noch ein paar Kilometer nach rechts und den kleinen Waldweg entlang nach links und nach etwa 135 Metern durchs Gebüsch gegangen wäret, dann hättet ihr vielleicht was gesehen ...»

War manch standhafter Ostberliner in der Zeit direkt nach dem Mauerfall trotzig nach Greifswald oder Hiddensee gefahren, um ja nicht der allgemeinen Westhysterie zu verfallen, so kehrten selbst aufgeschlossene Westberliner nach der Besichtigung des Goethehauses in Weimar an die vertrauten Plätze der Vorwendezeit zurück. In der lässigen Gewißheit, daß die Natur auch die nächsten Jahre zu besichtigen sein würde, verlegten die wahren Metropolisten ihre Freizeitvergnügungen wieder in den innerstädtischen Grunewald oder maximal bis an den Wannsee. Wen es aber eines Tages in den wilden Osten ziehen sollte, der muß einen der denkwürdigsten Plätze aufsuchen, die heute an der Berliner Stadtgrenze zu finden sind. Schön wie ein Traum, der jederzeit in die Schrecken eines Alptraumes umzukippen droht.

«Du bist vielleicht, mein lieber Leser, irgendwo, nach manchem Auf- und Abtreiben in der Welt, an einen Ort gekommen, wo es dir wohl war; du meintest, die Heimat blühe mit allen Blumen der Kindheit und der allerreinsten, innigsten Liebe wieder aus teuren Grabstätten hervor, und hier müsse gut wohnen und Hütten bauen sein» – so war es dem Ritter Huldbrand während seines Lebens auf der Seespitze zumute, wo er sich heftig in eine Flußnixe verliebt hatte, die Friedrich de la Motte Fouqué in seiner romantischen Erzählung «Undine» nannte. Vielleicht schwante dem Ritter schon, daß keiner Lust Ewigkeit vergönnt ist, denn selbst in dieser lieblichen Idylle schlichen sich böse Ahnungen in die seligen Träumereien ein – aber noch ist er glücklich wie ein Kind, das versonnen flache Steinchen über die Wasseroberfläche pitschen läßt.

Wie oft mag der kleine Friedrich in den Jahren von 1781 bis 1788 an jener Seespitze gesessen haben, wo er es später dem Huldbrand so unschuldig ums Herz sein ließ. Wie oft hat ihn der Vater, wenn er nicht gerade zu Geschäften in Brandenburg weilte, rufen und ermahnen lassen, daß ein künftiger Baron mitnichten so saumselig in die Natur starre, und wie oft mag der kleine Friedrich die Kastanienallee vom Flußufer bis zum Herrenhaus hinaufgehastet sein, wo die Baronesse ihn, schon unwillig wartend, der Dienerschaft zum Säubern übergab, damit sie sich wieder Haus und Hof widmen konnte.

Bis zu seinem dreizehnten Lebensjahr lebte der Dichter auf dem Rittergut Sacrow, das sein Vater, Heinrich Carl de la Motte Fouqué Baron de Thonnaiboutonne, von dem schwedischen Grafen Johann Ludwig von Hordt kaufte, als der nach einem Streit mit Friedrich dem Großen nach Berlin umziehen mußte.

«Man muß dem Grafen Hordt die Gerechtigkeit widerfahren

lassen, daß er das elende Sacrow umgeschaffen hat. Das schöne Wohnhaus, der ganze Plan des Gehöfts, des Gartens und des Dörfleins, alles kommt von ihm her. Wenn ich Sacrow jetzt mit dem von 1750 vergleiche, so kann ich sagen, Sacrow war damals ein Ratzenloch», so zitiert Theodor Fontane aus dem «Tagebuch eines havelländischen Landgeistlichen». Der Gottesmann war ansonsten mit den Adelsfamilien, die seiner kleinen Dorfgemeinde zugehörig waren, nicht sehr zufrieden. Schlechte Bezahlung und seltener Kirchgang zeichnete die Herrschaften allesamt aus. Außerdem wußte der Pfarrer zu vermelden, die Ehe der von Hordts sei gewiß nicht glücklich, so besuche die Baronesse, trotz der frommen Miene, gar oft den Weinmeister Reuter, und außerdem, so bemängelt er, seien Graf und Gräfin kaum in Sacrow anzutreffen, sondern meistens in Berlin.

Wie immer die Sache zwischen dem Graf, der Gräfin, Herrn Reuter und dem verbitterten Landpfarrer auch gewesen sein mag, – noch heute liegt das gräfliche Paar einträchtig auf dem Sacrower Friedhof unter einem großen Grabstein mit der Inschrift: «Hier ruhen, bis der Richter kommt, Ulrica Graefin von Wachtmeister, vermaehlte Graefin von Hordt, 1777 gestorben und der Königlich preußische Generalleutnant Johann Ludewig Graf von Hordt, Gouverneur von Spandow». Was hingegen aus Weinmeister Reuter und dem freudlosen Pastor Moritz aus Fahrland wurde, der die Sacrower Gemeinde als Filiale zu betreuen hatte und dem Fontane in seinen «Wanderungen durch die Mark Brandenburg» ein kleines Denkmal setzte, wissen wir nicht.

Vielleicht hätte es ihm knapp einhundert Jahre später besser dort gefallen, in jenem «Ratzenloch», dessen Name erstmalig 1375 im Landbuch Kaiser Karls IV. auftauchte. Damals war das Dörfchen von Slawen bewohnt, die eben «sa crowe» – hinter dem Gebüsch – und eher schlecht als recht lebten. Der Fußweg durch den Wald bis zum Dorf war den Fremden beschwerlich, und auch für vorbeifahrende Havelschiffer gab es hier nicht viel zu holen.

Aber irgendwann in den dreißiger Jahren des 19. Jahrhunderts entdeckte Kronprinz Friedrich Wilhelm IV. die seltsame Schönheit des Dorfs «hinter dem Gebüsch» und skizzierte eine Kirche für Sacrow mit Pfarr- und Schulhaus in sein Tagebuch.

«Wenn ich nicht als Prinz auf die Welt gekommen wäre, dann hätte ich einen leidlichen Architekten abgegeben», soll er später gesagt haben, und wahrscheinlich wäre er dann auch glücklicher mit seinem Leben gewesen und hätte nicht geisteskrank werden müssen.

Gleich nach seiner Thronbesteigung kaufte der hochgebildete und religiöse «Romantiker auf dem Thron» das Rittergut für 60000 Taler und beauftragte sowohl den Generaldirektor der königlich preußischen Gärten, Sacrow in seine Landschaftsplanung mit einzubeziehen, wie auch den Architekten des Königs, ihm dort eine Kirche «in italienischem Styl mit einem Campanile daneben» zu bauen. So entstand auf der kleinen Landzunge an der Havel, wo schon der kindliche Friedrich de la Motte Fouqué über die Sehnsucht und Schönheit meditierte, einer der schönsten Gebetsorte im Havelland.

«S. Ecclesia sanctissimi Salvatoris in portu sacro» nannte der König wortspielerisch sein Gotteshaus, die «Kirche des heilbringenden Erlösers im heiligen Hafen», die innerhalb von drei Jahren in enger Zusammenarbeit zwischen dem König, Schinkelschüler Friedrich Ludwig Persius und Peter Joseph Lenné entstand. 1844 wurde sie dann vom Potsdamer Hofprediger eingeweiht. Ein «Bollwerk im Wasser» hatte sich der König erträumt, nicht ahnend, daß die kleine, sich in der Havel spiegelnde «Heilandskirche», wie sie fortan im Volksmund hieß, ab 1961 für fast dreißig Jahre im deutsch-deutschen Niemandsland verschwinden sollte.

Die nach dem Mauerbau zugereisten Berliner, die in dieser Zeit lediglich auf der gegenüberliegenden Flußseite durch den Schloßpark Glienicke wandern konnten, fragten sich oft beim Anblick der einsamen Kirche, aus deren Dach schon Bäume wuchsen, welchem Zwecke sie wohl dienen mochte. An Merkwürdigkeiten war man in dieser Gegend allerdings gewöhnt, gab es doch in Potsdam sogar eine alte Pumpstation im Stile einer Moschee. Ältere Spaziergänger hingegen konnten sich noch an die «Ausflugskirche» und das stille, vornehme Sacrow im herrlich großen Königswald erinnern. Dort waren in den ersten Jahrzehnten des zwanzigsten Jahrhunderts neben ein paar einfachen Dorfbewohnern meistens nur die Dienstboten reicher Berliner Familien anzutreffen, die die Seegrundstücke für die Herrschaft in Ordnung hielten. Am Wochenende war es dann allerdings vorbei mit Ruhe und Frieden. Für neunzig Pfennig konnte der Berliner, bepackt mit Streuselkuchen und Butterstullen, vom Bahnhof Zoo mit dem Bus direkt bis nach Sacrow fahren, die Strohhüte schwenkend durch den Wald bis zum See marschieren, wo Vatern den Bauch mit Berliner Weiße füllte und Muttern mit den Badewiesennachbarinnen ein Schwätzchen hielt, während die Kinderschar kreischend die Fische des Sacrower Sees erschreckte. Den Sommergästen der Havelvillen wird derartiges Vergnügen zu vulgär gewesen sein. Sie ruhten lieber in bequemem Korbgeflecht im Schatten ihrer überdachten Terrassen, ließen das Auge hinüber zur Pfaueninsel schweifen, erfreuten sich am Anblick der dümpelnden Boote und dem Grün der Bäume, planten die Geschäfte der kommenden Woche und gingen zur Entspannung ein bißchen segeln.

«... an einen Ort gekommen, wo es dir wohl war; die jedwedem eingeborne Liebe zu eignem Herd und stillem Frieden ging wieder auf in dir...» Ach, Huldbrand, wie recht du hattest, und doch wieder nicht, denn: «Jetzt kommen die Juden und wollen ihre Seegrundstücke wiederhaben», gellt es schmerzhaft in die nostalgischen Erinnerungen hinein, hier an diesem stillen Ort, wo man einen kleinen Moment lang glauben konnte, daß die Welt doch schön ist und alles gut wird.

Wir schreiben das Jahr 1992.

«Jetzt kommen die Juden von überallher und wollen ihre Häuser wiederhaben, die sie 1938 ganz normal verkauft haben», erbost sich der alteingesessene Gärtnermeister und irrt gleich doppelt. Weder kann 1938 von einem «normalen» Verkauf die Rede gewesen sein, noch will er sich daran erinnern, daß die letzten Familien 1943 abgeholt wurden.

Unter den Verhafteten waren auch die Eltern von Klaus und Christoph von Dohnányi, die in Sacrow eine große Villa bewohnten. Seit der DDR-Gründung beherbergt sie bis heute ein Kinderheim, in das die sogenannten «Kofferkinder» eingeliefert wurden – Kinder von inhaftierten oder republikflüchtigen Eltern. Solange das Kinderheim existiert, wollen die Dohnányi-Brüder keine Ansprüche auf Rückgabe stellen. Allerdings sind auch hier die Besitzverhältnisse verwirrend. Der Vorbesitzer von Dohnányis hatte es einem jüdischen Besitzer abgekauft, und dessen Nachkommen stellen wiederum sehr wohl Ansprüche. «Aber bis das alles geklärt sein wird, sollen die Kinder dort bleiben können», ist auch Klaus von Dohnányi von den derzeitigen deutschen Verhältnissen überfordert.

Noch heute schwärmt er, der (fast wie Fouqué!) zwischen seinem zehnten und fünfzehnten Lebensjahr in der Villa zu Hause war, von seinem Schulweg mit dem Fahrrad auf der Fähre bis zum Potsdamer Gymnasium. «Damals gab es noch keine Umweltverschmutzung, wir konnten den ganzen Sommer über in der Havel verbringen», erzählt er und fügt, für hanseatische Verhältnisse fast ekstatisch, hinzu: «Es war eine wundervolle Kindheit.»

Das Meedehorn, auf einer Landzunge östlich der Heilandskirche gelegen, war die Datschenkolonie der Potsdamer und Berliner Stasi-Angestellten. Wer dort sein Wochenendhäuschen hatte, galt als hundertprozentig sicher. Und wem Laubenpieperanlagen schon immer als Inbegriff kleinbürgerlicher Piefigkeit galten, wird hier in seinem Vorurteil aufs gemeinste bestätigt. Drahtzäune um eine akkurat rasierte Grünfläche mit Blumendekoration, zur maßvollen Auflockerung wahlweise Gartenzwerg oder liegendes Reh, mißtrauische Blicke der Datschenbesitzer, die sich sofort aus den Quadratgärten in ihre Häuschen verziehen, wenn man sie anspricht.

Die Auskünfte der Sacrower über ihre Wochenendnachbarn sind spärlich, «weil wir ja während der harten Jahre gar nicht mehr hindurften. Die hatten denn ooch ihr eigenet Vereinslokal – na, sicher wußten wir, daß det Stasi war, aber wie sich det nun im einzelnen verhielt...» Vorsicht scheint hier immer noch geboten, man weiß ja nicht, wie sich die Machtverhältnisse noch entwickeln werden. Und Potsdam hat bekanntermaßen eine starke PDS.

Aber daß die Juden ihre Villen wiederhaben wollen, beschäftigt die Sacrower ohnehin weit mehr in diesen Tagen, nicht nur den Gärtner. Dessen kleine Frau zupft schweigend die welken Blätter aus der Verkaufsware und räumt zaghaft ein, «daß man das vielleicht so nicht sagen sollte». Wie aber sollte man es sagen, wenn man nur die große Ungerechtigkeit um sich selbst herum sehen will? In diesem Moment wird Sacrow, dieses Idealbild von Märkisch-Arkadien, wieder zum normalen Problemfall eines Ortes der neuen Bundesländer.

Über die Hälfte der fünfhundert Sacrower muß um die Wohnung fürchten, spätestens 1994 ist es aus und vorbei mit dem Mieterschutz, ab dann gilt auch hier die verhaßte Parole: Rückgabe vor Entschädigung! Den Dörflern will diese Regelung im Einigungsvertrag überhaupt nicht einleuchten, zumal ihrer Meinung nach mit zweierlei Maß gemessen werde. Da ist zum Beispiel der Fall von Herrn Niese: Dessen Großvater war Gastwirt, NSDAP-Mitglied, «janz kleene Nummer», und Besitzer des Hauses, in dem heute noch Herrn Nieses Mutter wohnt. Wegen seiner Mitgliedschaft in der Partei haben die Russen Herrn Nieses Großvater 1945 nicht nur Haus und Hof, sondern auch die Schanklizenz weggenommen. Und alles, was zwischen 1945 und 1949 enteignet wurde, soll natürlich nicht wieder zurückgegeben werden. So hat es der Russe bei den Zwei-plus-vier-Verträgen gewollt, und so haben es die anderen Alliierten akzeptiert.

1990 hat Herr Niese einen Kredit aufnehmen müssen, um sein eigenes Erbe zurückzukaufen. Ob das etwa gerecht sei? Natürlich klagt er dagegen – «aber det kann dauern!» Dabei hatte doch schon sein Urgroßvater 1911 die Freiwillige Feuerwehr von Sacrow gegründet. Herr Niese selbst ist mittlerweile Inhaber von zwei Firmen, aber sonst sei alles schlechter geworden. «Vor allem die Moral, möcht ick mal sagn, hat doch sehr jelitten. Die Solidarität ist nicht mehr so wie früher.» Früher hatten alle viel mehr Zeit, jetzt ist jeder nur mit sich selbst beschäftigt, die Wessis lassen ihren ganzen Müll am See zurück, die grüne Umweltdezernentin will alles zum Naturschutzgebiet erklären, «dann läuft hier jar nüscht mehr».

Die Potsdamer Dezernentin für «Umwelt- und Naturschutz und Tourismus» deutet achselzuckend auf ihren «Bericht zur Biotopkartierung – Uferbereich Sacrower Havel, Jungfern- und Lehnitzsee, Sacrower See», eine perfekt gebundene Mappe mit aquarelliertem Umschlagbild und vielen bunten Bildern von Flora und Fauna. «Die Sacrower sollen mal nicht nur an sich und ihr kleines Dorf denken, schließlich waren die Grenzorte zu DDR-Zeiten immer bevorzugte Gebiete, was die Lebensmittelversorgung anging. Dort war man nämlich sehr an Ruhe und Ordnung interessiert. Auch das Leben in der Idylle hat seinen Preis», sagt sie spitz, wohl an ihr letztes Treffen mit dem Sacrower Bürgerkomitee in der Großvater-Niese-Kneipe denkend. Bei diesem Treffen muß es mit steigendem Alkoholkonsum immer rüder zugegangen sein. «War nicht der Drahtzieher des Komitees früher bei der Stasi?» erkundigt sie sich angelegentlich bei einem Abteilungsleiter ihres Referats. Aber der interessiert sich nicht für Stasi-Geschichten, sondern mehr für die unglaubliche Verschmutzung des Seeufers: «Der Sacrower See ist kein Badesee, sondern das Trinkwasserreservoir der Stadt Potsdam, und wir dulden nur die zwei inoffiziellen Badestellen. Aber wenn die so weitermachen mit der Naturzerstörung, dann machen wir da bald alles zu. Da wart ich nur drauf! Die Hälfte davon sind Wessis, und wenn man denen mal was sagt, heißt es gleich: ‹Halt's Maul, du Stasi-Schwein!› So was muß man sich da anhören!»

Die Frage, ob das Aufstellen von Mülltonnen vielleicht Abhilfe schaffen könnte, inspiriert ihn sofort zu einem neuen Wutausbruch: «Erst mal ist das nicht unsre Aufgabe, und zweitens ist das kein Badesee, ganz einfach!» Die Umweltdezernentin fügt begütigend hinzu, daß es damit sowieso nicht getan und dafür auch gar kein Geld vorhanden sei.

«Die neuen Bundesländer haben schließlich andere Sorgen als

Mülleimer.» Ja schon, aber soo kompliziert kann das doch trotzdem nicht sein. Mit Trotz scheint der gesamte Kleinkrieg zwischen Umweltschutz und Dörflerinteressen geführt zu werden; mal hinter den Kulissen, mal mit Hilfe der lokalen Presse und den beiden großen (West)-Parteien. Da plädiert die CDU für die Straßenöffnung zwischen Sacrow und Kladow (ehemals West), weil damit die alte (vormauerliche) Nachbarschaft wiederbelebt würde, die SPD hingegen hat sich den Umweltschutz auf die Fahnen geschrieben und ist strikt dagegen. So bleibt die Waldstraße, trotz eines Magistratsbeschlusses vom Winter 1991, weiterhin geschlossen.

Gespräche mit den ehemals östlichen Dorfbewohnern geraten immer wieder unausweichlich in die Melodie des neuen deutschen Ohrwurms mit dem Refrain «Es ist ja damals nicht alles schlecht gewesen» oder der Variante «Früher hatten wir die Diktatur des Sozialismus, heute die Diktatur der Marktwirtschaft.»

Als Synonym für «früher» setzte sich mittlerweile «vor der Mauer» durch. Damit ist allerdings nicht etwa die Zeit vor dem Mauerbau gemeint, sondern die Jahre bis zu ihrem Abbau. «Vor der Mauer», heißt es demnach, «hat sich hier die Nationale Front um alles gekümmert. Wir haben einen Schrottplatz angelegt und Geld dafür bekommen. Heute sollen wir dafür bezahlen, daß er wegkommt.» Verkehrte Welt.

Dabei mühen sich doch alle redlich. Man merkt es am deutlichsten im gastronomischen Bereich. Immerhin heißt die «Sättigungsbeilage» jetzt Sauerkraut, ist nicht mehr bis zur Unkenntlichkeit verkocht und sogar mit Schnittlauch dekoriert.

Ich aber will nicht länger mit interessiert geneigtem Kopf Verständnis mimen, will mir nicht die neu entdeckte Freude kaputtmeckern lassen. Ja, es war alles ganz schlimm und ist noch immer furchtbar kompliziert, aber schon wachsen Gras und Kräuter wieder dort, wo vorher die Betonmauer alles vernichtet hatte. Noch ruft der Kuckuck mehrmals täglich, und die alte Regel erinnernd, vergewissere ich mich, daß Kleingeld in der Hosentasche ist, damit es sich vermehre, und gehe durchs Dorf zur Kirche zurück.

Flirrend steht die spätsommerliche Morgensonne auf dem Asphalt der Hauptstraße. Ein dicker Mann mit Hosenträgern über dem Unterhemd klopft mißmutig aber stetig am Motor eines Autos herum, auf klapprigem Fahrrad umkreist ihn ein Kind. Im Garten gegenüber schreckt bellend der Hund hoch. Seine Besitzerin kniet im armlosen Kittelkleid zwischen den Salatbeeten, schaut träge einem Buntspecht nach und vergißt für eine Weile das Unkrautzupfen. Im Haus hustet einer. Es riecht nach Schweinebraten, und die neuen Jägerzäune schwitzen die frische Lasur herunter. Aus dem Waldweg, der zur Kirche führt, kommt ein alter Mann mit seiner Schubkarre um die Ecke geschlurft, und plötzlich bin ich sechs Jahre alt. «Du meintest, die Heimat blühe mit allen Blumen der Kindheit hervor...»

Es ist bestimmt nicht nur ein berlinisches Phänomen, auf dem Land an die Kindheit zu denken, aber die Sensation, nach so vielen Jahren der Gewöhnung an das eingeschlossene Inseldasein auf einmal in einer Landschaft zu stehen, die nur «der Osten» war, diese Sensation ist immer noch ergreifend.

Das vereinigte Deutschland eine Zeit sich selbst überlassend, biege ich vom Weg ab und streife durch den Wald hinunter zum «Bollwerk im Wasser», an dessen Außenmauern verblichen, aber doch noch lesbar und wie zur Mahnung eingemeißelt steht, was Paulus einst an die Korinther schrieb, daß nämlich die Liebe langmütig und freundlich und all unser Wissen letzlich nur Stückwerk sei. «... die Liebe eifert nicht, die Liebe treibt nicht Mutwillen, sie blähet sich nicht, sie stellet sich nicht ungebärdig, sie suchet nicht das Ihre, sie läßt sich nicht erbittern...» So soll es sein.

Das Lesen beruhigt mich in meinem enttäuschten Zorn über die Dorfbewohner, der sich eigentlich nur aus der Angst speist, die Ostler wollten mir nun wiederum mein neues Heimatgefühl stehlen. Der Innenraum der Kirche legt nicht nur Zeugnis davon ab, wie unschuldig der Kunst vor hundertfünfzig Jahren gehuldigt wurde, sondern erzählt auch von der Verwahrlosung und Lieblosigkeit, denen sie in den Jahren der Besatzung ausgesetzt war. Ein paar Tage nach dem letzten Gottesdienst, der Weihnachten 1961 stattfand, informierten die Grenztruppen den damals zuständigen Pfarrer Strauss, daß unbekannte Vandalen vom Westen her eingedrungen seien, alles zerstört hätten, und «somit keine Nutzung mehr möglich» sei. Das allerdings wunderte den Kirchenmann, hatte er doch den Schlüssel eben jenen Grenztruppen übergeben müssen und wies die schwere Tür doch keinerlei Beschädigung auf. Der Altar und das Taufbecken waren zerschlagen worden, das große Messingkreuz verschwunden, und bis heute sind Einschußlöcher in der Apsismalerei «al fresco» nach dem Entwurf von Karl Begas zu sehen.

1935 war Pfarrer Strauss als Vikar nach Sacrow gekommen, das zum Gemeindeverbund Nikolskoe und Klein-Glienicke gehörte und von einem Geistlichen betreut werden mußte, wie schon damals bei dem Fontaneschen Landgeistlichen Moritz. Als er nach achtundzwanzig Jahren im November 1989 zum ersten Mal wieder seinen Fuß in die Kirche setzen konnte, soll er beim Anblick des Innenraums fast einem Herzinfarkt erlegen sein. In Begleitung von Angehörigen der Grenztruppen, der Potsdamer Denkmalpflege und alten Gemeindemitgliedern schaute sich der Pfarrer die vorweihnachtliche Bescherung an, und sein Herz wollte vor Schreck und Schmerz stehenbleiben, nicht glauben, was es fühlte, und wußte doch, daß es wahr ist, was das Auge sieht.

1989 hielt der Rentner Strauss mit dem jetzigen Pfarrer der Potsdamer Pfingstkirche die erste Christvesper nach der Maueröffnung. Es wurde ein Gottesdienst, von dem alle, die dabei waren, noch heute mit leuchtenden Augen berichten und um den ihn mancher Kollege beneidet haben mag. Im abseits stehenden Turm wurde die älteste Glocke Potsdams (aus dem Jahre 1412) geläutet, und sechsundsechzig weiße Kerzen tauchten den zerstörten Raum in festlichen Glanz. Der Andrang aus West und Ost war so groß, daß viele Menschen auf dem Vorplatz unter dem weißen Standkreuz aus Carrara-Marmor bleiben mußten. Die hoffnungsvolle Euphorie der ersten Monate nach Grenzöffnung ist bekanntlich dem Problem des gesamtdeutschen Alltags gewichen. Aber immer noch ist ein Hauch davon in der Kirche und ihrer näheren Umgebung zu spüren.

«Der ganze Ort ist wie ein Gebet», sagt Sharon, Rabbinertochter ohne Ansprüche auf irgendein Seegrundstück, als wir in der Arkadenhalle sitzen, die um die Kirche führt und uns nicht satt sehen können an dieser Vollkommenheit von Landschaft und Architektur. Als ausdrücklich genannter Teil der Potsdamer Parklandschaft wurde Sacrow mit in die Liste des Weltkulturerbes aufgenommen. Das finden wir richtig und denken an Friedrich de la Motte Fouqué: «... und du willst dich auch selbst wohl mit dem herben Nachgeschmack eines Irrtums nicht freiwillig betrüben wollen. Aber rufe jene unaussprechlich süße Ahnung, jenen englischen Gruß des Friedens wieder in dir herauf.»

Ungerührt wie der Kuckuck, der seinen Triumphruf «Wieder ein Ei im fremden Nest hinterlassen!» über den See erschallen läßt, scheint auch die Natur langsam von Betonmauer und Asphalttrasse zu genesen. Und aufmerksam wie 1845, als sie von Adolf Eybel in den Putz gemalt wurden, lauschen die vier Apostel immer noch dem Gottessohn, dessen Thron die androgyne Engelsschar in schlichten Gewändern umringt. Immer noch steigt die weiße Taube über seinem Haupt in strahlendem Gold hinauf, während Adler, Löwe, Stier und Schlange zu seinen Füßen ruhen und über dem Gewölbe noch die Reste von blauem, sternenübersätem Firmament zu sehen sind.

«Rufe mich an in der Noth, so will ich dich erretten, so sollst du mich preisen.» Die Worte der Schrift über dem Bogen sind gerade noch zu erraten. Auf deren Versprechen mag möglicherweise auch der Dachdecker gesetzt haben, der erfolgreich die Flucht durch die Havel in den Westen wagte, nachdem er nur zwei Drittel des Dachs repariert hatte, das durch eine Mine zerstört worden war. Von da an umschloß die Mauer, die im Laufe der Jahre immer noch ein Stückchen höher gebaut wurde, undurchdringlich den Platz um die Kirche und verwehrte den Ostlern den Blick auf das Panorama.

Der traditionelle Fährverkehr wurde eingestellt, entlang der

Havel legten die Grenztruppen eine Betonpiste für die motorisierten Streifen an. Die neuen und nicht mehr ganz so vornehmen Bewohner der Seegrundstücke verloren durch die Abgrenzung nicht nur zehn Meter ihres Gartens, sondern auch die Sicht auf Glienicke. Nur die Halbinsel Meedehorn wurde zur Flußseite hin nicht abgeriegelt, obwohl die Häuser an der schmalsten Havelrinne zwischen Sacrow und dem westlichen Ufer lagen. Am Ortseingang jedoch, wo heute ein großer Parkplatz für die Touristen liegt, mußten sich Einwohner und Besucher am Kontrollpunkt ausweisen. Die Dorfbewohner konnten zwar rein und raus, aber Besucher, egal ob verwandt oder verschwägert, mußten sechs Wochen vorher eine Genehmigung zum Eintritt nach Sacrow beantragen. Nachts erstrahlte das gesamte Mauergebiet unter taghellem Flutlicht, und immer wieder wurde um die Mauer herum ordentlich geharkt, damit sich Verdächtige im Grenzbereich sofort durch ihre Fußspuren verrieten.

«Als wir damals zum ersten Mal nach der Mauer in die Kirche durften, haben sie sofort wieder alles sauber geharkt, als wir draußen waren», erzählt die Küsterin, als sie mir einen Videofilm über die erste Bestandsbesichtigung zeigt. Sie gehörte während der kurzen Umbruchzeiten zum Bürgerkomitee von Sacrow und verfaßte Anfang 1990, als die Freude noch unendlich schien, eine handschriftliche Chronik über das «Leben im Grenzgebiet». Unter der ordentlich unterstrichenen Überschrift «Die Auswirkungen des Grenzanlagenbaus für die Bürger», Absatz b ist zu lesen: «Es war gewiß nicht immer leicht, im Grenzgebiet mit all den Beschwernissen zu leben. Viele gingen fort, doch die blieben, blieben, weil sie dieses Fleckchen Erde lieben. Trotz allem!»

In dieser Chronik wird zwar recht ausführlich über die Aufgaben der Nationalen Front berichtet, die mit ihrem «Sozialaktiv, Wohnaktiv, Bauaktiv und dem Aktiv Sicherheit und Ordnung» fast das halbe Dorf beschäftigt haben muß, aber die Heilandskirche wird mit keinem Wort erwähnt. Vielleicht ist es die alte Zurückhaltung, die die Küsterin auch drei Jahre später immer noch umgibt. Lebendiger wird sie erst, als es um die gegenwärtigen Probleme der ungeklärten Eigentumsverhältnisse oder um die vielfältigen Enttäuschungen mit den Westdeutschen geht. Eine Verbesserung sieht sie allerdings darin, daß man jetzt kein «Deutscher zweiter Klasse» mehr sei. Früher reiste die Familie gern mit dem «Klappfix» (einem Zelt auf Rädern) nach Ungarn, wo die Kellner automatisch «Alles besetzt!» riefen, wenn sie das Autokennzeichen gesehen hatten. Die Hotels hatten zwei verschiedene Speisesäle: In dem für die Touristen aus den sozialistischen Bruderländern waren Wasser und, wenn überhaupt, Papierservietten auf dem Tisch. Für die Westler gab es Stoffservietten und gut gekühlten Wein. Das wird heute anders sein, aber vielleicht will die Familie jetzt gar nicht mehr nach Ungarn fahren.

Frau Schultz möchte sich um das Wiederaufleben der Kirchengemeinde kümmern. Das ist nicht einfach, die letzten Jahrzehnte haben ein Interesse an religiösen Fragen nicht gerade gefördert. Es gibt ein paar alte Leute, die noch von der ehemaligen Gemeinde übriggeblieben sind, aber die Jungen, «die wollen von Kirche nichts wissen». Und was ist mit den Kindern? «Die Kinder sind die Kinder der in der DDR erzogenen Erwachsenen», zuckt sie die Achseln, «außerdem fehlt es doch an Räumlichkeiten für eine richtige Gemeindearbeit.»

Ich möchte ihr widersprechen und krame in meinem Gedächtnis. Aber die einzigen leerstehenden Häuser, die sich störend in mein romantisches Sacrow-Gemälde hineinschieben, sind die mit Wellblech überdachten Baracken kurz vor dem Schloß und, etwas weiter, ein nachgebauter Grenzübergang, der «Dreilinden» simulieren soll. Auf gleicher Höhe wie die Heilandskirche gebaut und nur im Winter sichtbar, wenn die Bäume kahl sind, wurden hier die Schäferhunde der Grenzsoldaten auf ihre künftige Aufgabe vorbereitet. Auf dem eingezäunten Gelände müssen nahezu hundert Hunde gelebt haben, im benachbarten Schloß ihre Führer. Der Gang zwischen den Baracken weckt Übelkeit, Beklemmung und Erinnerungen an Besuche in Gedenkstätten, wo Menschen in ähnlichen Zellen eingepfercht waren. Über jedem Gitter ist noch der weiße Fleck der Namensschilder zu sehen, ein Flaschenzug zum Heben des Eisenbretts, das in der Mauer vordere und hintere Zelle miteinander verbindet, zwischen den Reihen eine Sichtbehinderung zu den gegenüberliegenden Ställen, am Ende ein Wärterhäuschen, abgetrennte Waschanlagen und ein paar mit Steinen und Brettern verschlossene Sickergruben. Endlich weiß ich, woher damals das Hundegekläff kam, als wir unter der Anleitung einer amerikanischen Theatertruppe am anderen, am westlichen Havelufer jene bizarre «Versöhnung-mit-der-Erde»-Feier abhielten. Die Amerikaner hatten überhaupt keine Ahnung, was sie taten, als sie den Glienicker Schloßpark für die Zeremonie aussuchten, weil er ihnen so «adorable», ja, wie ein Disneyland des 19. Jahrhunderts erschien. Die Zeremonienmeisterin lobte in aller Einfalt den friedlichen Einklang von Mensch und Natur, endlos bellten die Hunde, und niemand von uns ahnte, was auf der anderen Seite war.

Obwohl kein Gebell mehr zu hören ist und der Gestank längst mit Hilfe von Lysol, dem immer noch beliebten und allerorten benutzten Desinfektionsmittel der DDR, und dem Durchzug der Zeit verschwunden ist, spürt man noch die Atmosphäre von Befehl, Züchtigung und Ordnungsterror. Wenn ich jetzt nur fünfzig Meter durch den Wald hinunter zur Havel ginge, stünde ich wieder vor der Heilandskirche. Aber ich gehe nicht hinunter, streife weiter durchs Gebüsch und denke an den Gesang der Flußnixe Undine:

«Morgen so hell,
Blumen so bunt,
Gräser so duftig und hoch
An wallenden Sees Gestade!
Was zwischen den Gräsern
Schimmert so licht?
Ist's eine Blüte weiß und groß,
Vom Himmel gefallen in Wiesenschoß?»

Ich finde einen vermoderten Koffer mit Uniformen, von denen die Dienstgrade entfernt worden sind. Zwei ausgeplünderte Lastwagenwracks der Armee, umtanzt von Zitronenfaltern und Mücken, wie ein Triumph der Häßlichkeit scheint das Blech festgewachsen am Waldboden. Vorbei an dem Nachbau des ehemaligen Grenzübergangs «Dreilinden», wo die Hunde für ihre Schnüffelarbeit an Autos und Flutlicht gewöhnt wurden. Nach Rauschgift und Waffen hätten die Hunde wohl gesucht, erklärt die Küsterin, und wer will ihr jetzt noch diesen Glauben nehmen?

«... hier müsse gut wohnen und Hütten bauen sein. Ob du dich darin geirrt, und den Irrtum nachher schmerzlich abgebüßt hast, das soll hier nichts zur Sache tun.» Ritter Huldbrand büßte mit nichts Geringerem als seinem Leben. In gewisser Weise war das allerdings gerecht, weil er die wunderbare Undine schmählich mit irgendeiner Berthalda betrogen hatte, und das darf man den Wassergeistern niemals antun, selbst wenn sie scheinbar tot sind. Ein letztes Mal erscheint Undine dem tumben Ritter, ihn überkommt das Gefühl von damals, als er auf der Seespitze saß, und er bittet sie: «Oh, wenn ich sterben dürfte an einem Kusse von dir.» «Recht gern, mein Liebling», sagt sie und läßt ihn nicht mehr los aus inniger Umarmung und weint und weint, daß die Tränen dem Ritter in die Brust dringen und er forthin nicht mehr atmen kann. «Ich habe ihn totgeweint», sagt Undine zu den Dienern und geht für immer in ihren Brunnen zurück.

Ach, wenn man doch auch ein Wasserwesen wäre und alle, die einen ärgern, einfach totweinen könnte.

Nachdem ich im Spätsommer 1992 einen ersten Artikel über Sacrow veröffentlicht hatte, bereiteten mir die Dorfbewohner bei meinem nächsten Besuch einen eisigen Empfang. Es war nicht der Vorwurf des Antisemitismus, der sie getroffen hatte, vielmehr fühlten sie sich durch die Bezeichnung «Dörfler» («Det heißt bei uns im Osten soviel wie ‹Doofies›») und die in ihren Augen falsche Information, es gebe Schnittlauch zum Sauerkraut, in ihrer Ehre gekränkt. Keiner von denen, die mir zuvor noch so bereitwillig ihr Schicksal erzählt hatten, wollte mit mir noch ein Wort wechseln, außer «ach, da kommt ja die Klatschreporterin». Obwohl ich mir soviel Mühe gegeben hatte, war ich hier zur unerwünschten Person geworden.

Das war ich auch noch im Sommer 1994, als Onkel Albert und seine Frau Sarah aus Princeton mit Tante Eva aus Rom in Berlin eintrafen und wir alle zusammen einen Ausflug nach Potsdam machten. Onkel Albert und Tante Eva hatten ihre Kindheit in Berlin verbracht und waren neugierig auf all die Veränderungen, die sich seitdem ergeben hatten – aber vor allem wollte Tante Eva, die noch klein gewesen war, als sie Berlin verlassen mußte, Schloß Sanssouci und Cäcilienhof sehen. So fuhren wir trotz strömendem Regen an einem Sonntagmorgen in einem kleinen Panda gen Potsdam. Eigentlich hätte ich alle Zeichen, die sich schon vorher aufs unangenehmste gegen diesen Ausflug bemerkbar machten, erkennen und rechtzeitig zum Rückzug antreten müssen – aber wie der Mensch nun mal ist, wenn er einen Plan hat...

Schon des Nachts etwa gegen halb drei ging es los, als ich im Schlaf durch den mächtigen Ruf «Jesus von Nazareth!!! Komma her!» aufgeschreckt wurde. Ausgestoßen hatte ihn eine verlorene Seele, die auf einer Bank vor der benachbarten katholischen Kirche lag. «Jesus von Nazareth – komm her, du altes Schwein, du gemeine, verrottete Sau, komm endlich», jaulte es ohne Unterlaß, und ich konnte mich trotz des Ärgers über den gestörten Schlaf einer gewissen Faszination nicht erwehren. Ja, ich schloß noch nicht mal die Balkontür, weil mich der Gedanke befiel, man dürfe vor der leidenden Kreatur nicht die Ohren verschließen. Der Pfarrer der katholischen Kirche, eigentlicher Adressat des bittenden Grölens, schien hartgesottener zu sein. Wahrscheinlich schlief ER den Schlaf des Gerechten – nach hinten raus.

Danach verbrannten mir beim Frühstück VIER Croissants im Backofen, obwohl ich direkt daneben saß! Um 11.00 Uhr hatten wir uns im Grunewald verabredet, um halb elf wollte ich losfahren, als die Tankuhr unerbittlich anzeigte, daß kein noch so bleifreier Tropfen Benzin mehr da war. An der Tankstelle mußte ich feststellen, daß leider auch der Schlüssel für den Tankverschluß fehlte, den ich jüngst Klaus gegeben hatte, als er das Auto auslieh. Mit letztem Kraftstoff zum Grunewald, Tanten und Onkel eingeladen, alle zum Nicolaiviertel, das zwar in entgegengesetzter Richtung zu Sanssouci liegt, aber Klaus' Wohnung beherbergt. Nun aber mit Tankschlüssel, wenn auch langsam und mit verdächtig niedriger Straßenlage, dafür mit Benzin nach Potsdam.

Unterwegs beschloß ich, den kleinen Umweg über Sacrow zu machen, weil das jeden, sei er auch noch so weit gereist, beeindruckt. Und auch diesmal war der Erfolg durchschlagend! Zwar waren alle gruseligen Sehenswürdigkeiten wie der Nachbau von Dreilinden, die Hundebaracken und die Lastwagenwracks inzwischen verschwunden, die Heilandskirche in Plastikfolie verpackt, weil sie renoviert wurde, und das schöne Bild von Jesus mit den vier Aposteln und den Tieren ringsum wurde mit ziemlich grellen Farben gerade restauriert, aber trotzdem waren Tante Eva, Onkel Albert und Sarah begeistert. Es hätte sich alles noch zu einem wohlgefälligen Tag fügen können, wenn... – nun ja, ich hatte es gleich gesehen, als wir wieder zum Parkplatz vor dem Dorfeingang kamen: Die Scheibe des kleinen, unschuldigen Panda war brutal eingedrückt. Glassplitter schmückten die Sitze, mein Portemonnaie war weg mit allem, was man nicht zusammen aufbewahren soll, und Onkel Alberts Rucksack nebst Potsdamer Stadtplan und einem Deutschland-Reiseführer auch. Was für ein Tag.

«Jetzt fahren wir zur Polizei und dann nach Sanssouci und zum Cäcilienhof», beruhigte ich die betroffenen und niedergeschlagenen Tanten, die sich mit Hilfe eines aufgeklappten Regenschirms gegen Regen und Fahrtwind schützten, und den Onkel, der tapfer die Zähne gegen die Kälte zusammenbiß. In Potsdam eine Polizeistation zu finden, ist nicht gerade einfach, oder vielleicht sind es auch nur die ungenauen Beschreibungen der Potsdamer, oder, noch wahrscheinlicher: wir waren alle viel zu schockiert von dem Vorfall, um noch aufmerksam zuzuhören. Irgendwann aber hatten wir es geschafft. «Ich geh mal eben rein», wollte ich mich von den reizenden älteren Herrschaften kurzfristig verabschieden, hatte aber nicht mit ihrer ungehemmten Neugier gerechnet. «Wir kommen natürlich mit, das wollen wir doch miterleben. Vielleicht müssen wir auch eine Zeugenaussage machen», freute sich Tante Eva, und auch Sarahs Augen glänzten in Erwartung eines deutschen Abenteuers – im Gegensatz zu Onkel Albert und Tante Eva hatte sie ihre Kindheit in Rußland und Paris verbracht.

Als wir die Polizeistation betraten, bereute ich augenblicklich, die drei mitgenommen zu haben. Das Gebäude verströmte den Charme einer Einrichtung, die irgendwo zwischen Gestapo-Zweigstelle und Sozialamt anzusiedeln war – auf jeden Fall fürchtete ich um den Seelenfrieden der drei älteren Juden. Ich wollte einfach nicht, daß sie auch nur einen Hauch alter Ängste oder neuer Unsicherheiten verspürten – meine Furcht vor ihrer Angst war allerdings größer als ihr Unbehagen. Tante Eva und Sarah schwebten lustig schwatzend in ihren wasserundurchlässigen Anoräkchen und den praktischen Leinenhosen über die Flure und suchten erst mal nach der Toilette – nach all der herrlichen Aufregung. Ich versuchte, einen zuständigen Beamten aufzutreiben. Die Toiletten waren verschlossen, damit kein Unbefugter sie benutzt, dafür fanden wir Zimmer 45, klopften und traten ein. Ein kleiner Raum, Schreibtisch mit mechanischer Schreibmaschine, kein Mensch da. «Hallo?» rufend versuchten wir es im anliegenden Zimmer, bis ein kleiner Mann in Uniform auftauchte und uns anschnauzte: «Geh'n Se wieder raus!» Damit hatte keiner gerechnet. Wie angewurzelt blieben wir vor ihm stehen, und ich sagte: «Wie bitte?» «Geh'n Se wieder raus», schnauzte er nun schon etwas lauter und fügte auf mein «Warum?» hinzu: «Sie sind noch nicht dran.» «Aber hier ist doch überhaupt kein anderer da», lachte ich ungläubig, immer noch bemüht, Tanten und Onkel ein freundliches vereinigtes Deutschland zu präsentieren. Jetzt aber rückte der Beamte mit dem eigentlichen Grund seiner Säuernis heraus: «Sie ham nicht gewartet, bis ich herein gerufen habe.» Verblüfft starrten ihn die drei Alten an. «Sagen Sie mal», wurde ich sauer, «das ist doch hier nicht Ihr Wohnzimmer, sondern eine öffentliche Einrichtung – da klopft man an und geht rein.»

Tante Eva lächelte selig. Sarah drehte Löckchen in ihre Haare, und Onkel Albert dachte sichtbar nach. Vermutlich über einen Vortrag, den er demnächst im Wissenschaftskolleg halten sollte. «Was woll'n Se denn?» schnarrte der Polizist. «Von Ihnen gar nichts mehr», beschied ich ihn, angefeuert von Tante Evas aufmunterndem Lächeln. «Schicken Sie uns einen Kollegen, oder besser noch, Ihren Vorgesetzten, der uns nicht wie Verbrecher behandelt, sondern eine Anzeige aufnimmt, wie es sich gehört auf einer Polizeiwache!»

Diese Art, wie eine strenge Mutter mit ihrem dummen Kind zu reden, hatte ich schon einmal an einem östlichen Polizisten ausprobiert, und sie hatte sich überraschend als ungemein wirkungsvoll erwiesen – so auch diesmal. Die Verwandlung war ungeheuerlich, und ich bin bis heute nicht sicher, ob es mich amüsierte oder deprimierte. Butterweich wurde sein Stimme, als er in buckelnder Haltung nach dem Grund unserer Anzeige fragte. Aber vorher schickte er Tante Eva nach draußen, um das Auto mit der eingeschlagenen Scheibe zu bewachen «Da brauchen Se gar nicht so dumm zu gucken», verfiel er wieder in seinen alten Tonfall, «wat glauben Se, wat hier geklaut wird.» «Direkt vor der Polizeiwache und das in Deutschland...» Tante Eva ging mit beeindrucktem Kopfschütteln raus. Sarah wagte endlich, nach einer Toilette zu fragen. Der kleine Polizist zögerte einen ganz kurzen Moment, als überlege er, ob das etwa auch zu den Pflichten eines Beamten im neuen Deutschland gehöre.

«Sie müssen Ihre Scheckkarte sofort sperren lassen!» wandte er sich dann streng an mich, offensichtlich froh, endlich etwas gefunden zu haben, was meine unbedingte Pflicht war. Während Onkel Albert dem Polizisten die Farbe seines Rucksacks und die Seitenzahl des Reiseführers in die Schreibmaschine diktierte, konnte ich auf Kosten einer Potsdamer Polizeiwache nach Frankfurt/Main telefonieren, um meine diversen Karten sperren zu lassen. «Ich verstehe Sie so schlecht», sagte der Mann bei der Scheckkartensperrzentrale. «Das wundert mich nicht», entgegnete ich, «ich verstehe mich ja selber kaum, weil hier so ein wildgewordener

Polizist auf der Schreibmaschine rumhackt! –» Da hob der Polizist den Kopf, ich lächelte ihn triumphierend an, er senkte den Kopf und murmelte wie ein Schuljunge «... bin überhaupt nicht wildgeworden...» und hackte emsig weiter. Sarah war verstummt, schaute von einem zum anderen, und man konnte sehen, wie es in ihr arbeitete, damit sie anschließend alles haarklein Tante Eva berichten konnte.

«Nach Sacrow sollten Sie in Zukunft nicht mehr fahren», ermahnte uns der Polizist, als alles protokolliert war. «Der Ort ist bekannt dafür, daß alles geklaut wird.» «Sie meinen, die Dorfbewohner –?» kam mir plötzlich die wahnsinnige Idee, daß sich einer der Dorfbewohner an mein Auto erinnert haben könnte – die späte Rache für den Artikel mit dem Schnittlauch-Rufmord. «Nö, det sind Profis», wehrte er den Verdacht ab, als wäre dies ein Vorwurf, den man den Sacrowern nun wirklich nicht anheften könne.

Lauter schöne neue Landschaften – und überall lauern Gefahren, gerade im brandenburgischen Königswald, von dem Undine einst sagte, daß es «ohne dergleichen dorten nicht abgehen soll».

All die schönen Worte

Hab ich doch immer schon gewußt, daß dieser Hegel ein Depp war», zeigt Klaus auf die eingelassenen Steinplatten, auf denen Berlin-Zitate berühmter Menschen eingemeißelt sind. Herr Hegel soll demnach gesagt haben: «Ein guter Berliner Witz ist besser als eine schöne Landschaft» – das läßt tatsächlich Zweifel an seinem Geschmack aufkommen.

«Ich war ja schon immer mehr für Schopenhauer, aber das durfte man ja bei euch lange Zeit gar nicht sagen», triumphiert Joseph, blaublütiger Schriftsteller aus Bayern, der mit uns über den Gendarmenmarkt streift und derartig begeistert von dem historischen Charme dieser schönen neuen Welt hinterm Brandenburger Tor ist, daß er sofort nach Berlin ziehen möchte. Joseph zeigt mit diesem Enthusiasmus völlig neue Charaktereigenschaften; normalerweise bringen ihn nämlich nur Frauen ins Schwärmen. Frauen an und für sich und die Methoden, mit denen sie zu verführen sind: ob man grundsätzlich sollte oder nur von Zeit zu Zeit, und wenn ja, welche Annäherungsmasche von welchem Frauentypus bevorzugt wird. Er redet also über Frauen, dünne, dicke, alte, junge; sein Verhältnis zu ihnen, ihr Verhältnis zu ihm – und das in so atemlosem Stakkato, daß sich die Anstrengung, seinen Worten zu folgen, irgendwann in eine angenehme Trance auflöst, die von seinem stotternden Gehaspel meditativ untermalt wird.

Klaus hat früher auch gern über Frauen geredet; seit er jedoch verheiratet ist, reduziert sich die durchaus erheiternde Beschreibung seiner unglücklichen Verliebtheiten leider auf die ständige und wesentlich knappere Bestätigung seiner ehelichen Zufriedenheit, was nicht mehr ganz so unterhaltsam ist. Wenn Joseph über seine anachronistischen Taschenspielertricks doziert, bekommt Klaus diesen leicht wehmütigen Zug um Mund und Augen, wie er bei manchen älteren Herren schon in die Gesichtsmuskulatur eingemeißelt ist und ihnen das gewisse interessante Aussehen verleiht.

Joseph und Klaus verstehen sich also gut, und deshalb sind sie sich auch einig darüber, daß der Gendarmenmarkt tatsächlich einer der schönsten, weil pariserischsten Plätze der Stadt ist. Mir persönlich fehlt es zwar an gemütlichen Bänken, auf denen man picknicken und lesen oder gar neue Bekanntschaften schließen könnte, aber beruhigend ist es schon, zwischen Domen und Schauspielhaus zu lustwandeln und dabei an Wilhelm Raabes Sperlingsgassenchronisten Wacholder zu denken.

Klaus ist kurz nach der Wende vom Westteil nach Mitte gezogen, der durchaus berechtigten Hoffnung folgend, daß es überall besser als in Neukölln sein müsse. Er bekam eine Wohnung im begehrten Nicolaiviertel, mit Blick aufs Rote Rathaus einerseits und auf die Nicolaikirche andererseits. Von hier aus kann er vorzüglich den jeweiligen Stand der Wirtschaftsentwicklung beobachten.

«Da vorne», zeigt er auf ein Hochhaus zwischen Alexanderplatz und Rotem Rathaus, «war noch vor einem Jahr die Lichtreklame für ‹Super›, ‹Super-Illu› und ‹Super-TV›. Dann konnte man richtig zugucken, wie schnell der Goldgräberrausch verflog. In immer kürzeren Abständen wurde ein ‹Super› nach dem andern ausgeknipst.» Inzwischen leuchten dort «Focus», «Bunte» und «Freundin».

Wenn die Regierungsbeamten vollzählig nach Berlin umgezogen sind, müssen Klaus und seine Frau wieder eine neue Wohnung suchen, weil dann sein Vermieter, ein ehemaliger DDR- und jetziger BRD-Baureferent mit gesundem marktwirtschaftlichem Verständnis, wieder den Logenplatz über der Spandauer Straße einnehmen will. In der Gewißheit, genau an der Nahtstelle des sogenannten Aufbaus Ost zu sitzen, zahlt Klaus dem Staatsbeamten im Jahr 2000 Mark extra für einen mehrstimmig jubilierenden russischen Kühlschrank mit Rieseneisfach und einen abgetretenen Teppichboden.

Auf dem Weg zum Gendarmenmarkt machen wir einen kleinen

Umweg über den Alexanderplatz, der beim bayerischen Dichter allerdings nur Enttäuschung auslöst. «Desperados aus Marzahn grüßen alle» – dieser freundliche Empfang amüsiert ihn noch, aber schon der Aufruf «Verteidigt das Leben des Vorsitzenden Gonzales» läßt ihn verächtlich den Kopf schütteln. «Gonzales? War das nicht dieser wahnsinnige Peruaner, der Tausende von Bauern abschlachten ließ, weil sie partout nicht einsehen wollten, daß einzig und allein Gonzales' Guerillatruppe ‹Sendero Luminoso› ihre Interessen vertrat?»

«So genau will man's doch oftmals gar nicht wissen», wimmelt Klaus die Bedenken des Freundes ab. «Überleg doch nur mal, wie lange wir diese beschissene Sandino-Dröhnung als Kaffee in uns reingekippt haben, nur um den bewaffneten Kampf in Nicaragua mitzufinanzieren – und was war das für eine böse Überraschung, als rauskam, wie ekelig die mit ihren Indios umgesprungen sind...»

Ausgerechnet auf den ungemein sinnlosen und dazu noch häßlich ausladenden Flügeln des Fernsehturms machen sich soeben mit großem Getöse Mitglieder der Bürgerinitiative «No-fitti» zu schaffen. In weiße Overalls mit aufgedrucktem Firmenemblem gekleidet, kraxeln die dickbäuchigen Saubermänner, mit Eimern und Schrubbern bewaffnet, an Bergsteigerseilen gesichert, keuchend die Blechbahnen hoch, um ihrer fragwürdigen Obsession zu folgen, die da heißt: Für ein graffitifreies Berlin! Angefeuert werden sie lediglich von einigen grinsenden Jugendlichen, die sich schon auf die frische weiße Fläche freuen, auf der sie sich erneut verewigen können.

«Wie der Alexanderplatz einmal aussehen wird, kann Christen nicht egal sein», hatte der Pfarrer der anliegenden Kirche einst bemerkt. «Werden hier jetzt die Kathedralen des Geldes gebaut», so fragte er sich und die verunsicherten Gläubigen seiner Gemeinde, «oder können sich Reich und Arm, Ordentlich und Ausgeflippt treffen?» Gute Frage, denn bis auf sechs Häuser, so die Planung, soll über kurz oder lang um den Alexanderplatz herum alles abgerissen werden, um in lauter Hochhäusern ein sogenanntes

Mischgebiet aus Gewerbe und Wohnen anzusiedeln. Daß der Platz derzeit ein Treffpunkt von Reichen und Schönen sei, kann man ihm nun wahrhaftig nicht vorwerfen. Trotz der Bemühungen, jede Menge modernster Spaß- und Mitmachkneipen um den Platz zu gruppieren, findet sich hier doch nur die durchschnittliche Melange aus neugierigen Provinzlern, gelangweilten Jugendlichen und bösen Buben aus In- und Ausland ein.

Klaus gesteht mit unverhohlenem Stolz, daß er fast jeden dritten Tag zur U-Bahnpolizei rennt, um die Hütchenspieler zu denunzieren, die im U-Bahnhof und auf dem Alexanderplatz herumhängen. «Aus moralischen Gründen», erklärt er in die allgemeine Verwunderung, «wir sind ja schon doof, aber der Ostler ist noch viel doofer. Und wenn die Hütchenspieler hier von morgens bis abends rumlungern und die sechzehnjährigen Mädchen anquatschen, dann stinkt mir das! ‹Damen und Cherren, nur der Ball gewinnt› – wenn ich das schon höre! ‹Damen und Cherren, nur der Ball gewinnt› – diese Strolche! Und das Volk steht da, starrt gebannt auf die Fußmatten mit den kleinen Streichholzschachteln und hofft auf einen Hundertmarkschein. Daß mit Hundertmarkscheinen hier jeder zu ködern ist, das wissen ja auch diese furchtbaren Radiosender, deren einziger Daseinszweck im Ausloben von Hundertern besteht!»

Richtig in Wut geredet hat er sich, und wie zur Bestätigung bellt in diesem Moment ein Mann seine Tochter an, die gerade einen blauen Schein und dann ihr siegessicheres Lächeln verloren hat: «Ick sare doch, links liecht de Kugel, nich uff Mitte!»

Das Berlinerisch des Ostlers ist reiner und echter als das des Westberliners. Nachdem der nämlich kapiert hatte, daß der öffentliche Herz-mit-Schnauze-Bonus nicht nur dahingeschwunden war, sondern mittlerweile sogar Aggressionen hervorrief, bemühte er sich mit Hilfe von Zugereisten um eine Annäherung ans Hochdeutsche. So kommt es, daß sich hier und da das schwäbische «halt» und «gell» oder ein westfälisches «nä?» statt «wa?» in die angestrengt hochdeutsche Konversation einschleichen konnte, was beim Ostberliner zunächst Verwirrung stiftete, mittlerweile aber ebenfalls zaghaft und oftmals mit dem eigenen «ebend» geschmückt eingesetzt wird. Das ostdeutsche «urst» allerdings konnte sich bislang nur bei ehemaligen SEWlern durchsetzen; was aber auch Unsinn ist, da die Ostler nämlich «urst» nur deshalb benutzen, weil sie es für westdeutschen Slang halten – davon wollte mich zumindest neulich ein ostdeutscher «urst»-Benutzer überzeugen, als ich ihn nach der Bedeutung fragte. «Urst jut» ist «unheimlich gut», könnte man vielleicht sagen, aber ganz sicher bin ich immer noch nicht.

Wie überall auf gut besuchten Plätzen, so auch hier die unvermeidlichen Indios mit den Panflöten. Auch sie würde Klaus gerne denunzieren, aber er weiß nicht, wo. Joseph hat vollstes Verständnis dafür: «Jede Viertelstunde ‹El Condor Pasa› kann wirklich eine Zumutung sein. Ich hatte mal was mit einer Chilenin, mei Liaba, eine echte Wuchtbrumme vor dem Herrn, und immer wenn's der gut ging, hat sie das vor sich hingesummt. – Merkwürdig eigentlich – stell dir vor, unsereiner würde in den Augenblicken von Wohlbefinden ständig ‹Freude schöner Götterfunke› anstimmen.» – «Das willst du doch wohl nicht ernsthaft miteinander vergleichen!» hebt Klaus die Augenbrauen. «Und inwiefern war sie wuchtbrummig?» möchte er doch noch Einzelheiten über das Liebesleben der Südamerikanerin als solches erfahren, als wir zum Marx-Engels-Forum schlendern, einem Platz, der trotz seiner platten Leere so etwas wie Atmosphäre ausstrahlt.

Als wären sie sich der leichten Peinlichkeit bewußt, stehen in demonstrativer Unauffälligkeit die Eisenquader mit den eingravierten Fotos der internationalen Arbeiterbewegung da – auch Margot und Erich kann man hier, eingereiht in die Arbeiterfront, bewundern, und manch ein Ostberliner behauptet bis heute, diese Dokumente seien auch nach einem Atomschlag noch, von wem auch immer, zu bestaunen. Dabei reichen, wie man erkennen kann, schon Taschenmesser und Haarnadeln, um an unliebsam gewordenen Gesichtern und Symbolen bis zur Unkenntlichkeit herumzukratzen.

Beeindruckt streicheln die beiden Männer die starken Schenkel von Karl Marx, der neben dem stehenden Friedrich Engels wie auf einem Köfferchen hockt. «Warten auf den Ausreiseantrag» nannte der erfahrene DDR Witz das Standbild.

«Das also waren diese beiden berühmten Russen», erklärt ein Westfale neben uns soeben seiner Frau, aber die schaut nur sehnsüchtig zu den schmucken Arkadengängen des Nicolaiviertels hinüber, wo Jeansläden und Bistros eine ihr bekanntere Kultur anbieten. «Alles hohl», meint der Westfale zufrieden, nachdem er die bronzenen Figuren rundum beklopft hat.

«So unterhaltsam wie hier sind Spaziergänge nirgendwo», freut sich Klaus, «nicht nur jede Menge historisch unverbildeter Provinztouristen, sondern täglich wird irgendein Gebäude abgerissen oder steht plötzlich ein neues da. Mein Liebstes sind ja die verschiedenen Löcher. Neulich hab ich stundenlang zugeguckt, wie ohne Unterlaß, von Samstagmittag bis Montagmorgen, Lastwagen mit riesigen Zementmischtrommeln zwölftausend Kubikmeter Beton in das Loch an der Friedrichstraße gekippt haben – dreißig Meter tief, die größte Baustelle Europas», fügt er stolz hinzu, als hätte er sie selbst gebuddelt, und er führt uns zur Aussichtsbrücke an der Friedrichstraße, von der aus das Loch zu überblicken ist.

An diesem dunklen Dezembernachmittag ist sie am schönsten, die größte Baustelle Europas. Unendliche Linien von Metallzäunen glitzern im Scheinwerferlicht, zur Vorweihnachtszeit tragen alle Kräne ein festliches Sternenkleid mit Nikolaus und Rentierschmuck. Und ganz weit entfernt, unten im Loch, schalten und walten, wieseln und wuseln die Arbeiter wie Zwerge unter bunten Helmen zwischen Rohren und Kabeln und leben wie in einer eigenen Stadt. Komisch eigentlich, daß kein weiß gekleideter Brezelbäcker rufend seine Waren aus einem Körbchen feilbietet, kein Schusterlein eifrig auf seinem Eisenböckchen rumklopft, keine beschürzte Mutter nach dem Kind ruft, während ihr ein Hündchen mit Ringelschwanz eine Wurst aus der Tasche zupft. Schweigend betrachten wir das wunderliche Schauspiel. «Wofür sind bloß diese riesigen Rohre?» deutet Joseph nach unten, und Klaus mutmaßt gleich ein unterirdisches Stasi-Labyrinth, der Dichter hingegen tippt doch eher auf schnöde Fäkalienabwicklung, woraufhin man sich gegenseitig die Kubikmeterwerte europäischer Großstädte um die Ohren wirft.

«In Paris zum Beispiel wird gar nicht soviel geschissen, wie man meint», weiß Klaus, während Joseph schnippisch behauptet, in Paris sei es zwar nicht soviel wie in London, allerdings reichten beider Werte lange nicht an Berlin heran, «wahrscheinlich wegen der Ernährung», einigen sie sich dann versöhnlich, und dort unten, da tun die kleinen emsigen Arbeiter so, als ginge sie das alles nichts an, weder Stasi noch Fäkalienabwicklung.

«Das ganze Berliner Publikum ist fein gebildet», befand Beethoven einst, so jedenfalls ist es in einer der Steinplatten auf dem Gendarmenmarkt eingemeißelt. «Die Löcher und das Brachland», wird Klaus ganz versonnen, als wir zum verträumten Platz zurückgekehrt sind, «das ist das Schönste hier.» Und er erzählt von dem kitzelnden Grusel, der ihn jedes Mal befällt, wenn sich aufeinmal Tausende von Quadratmetern voller Trümmer vor ihm auftun, von dem geheimnisvollen Eigenleben, das unbehauste Ödnisse haben. «Da begreift man erst, was das eigentlich bedeutet, wenn Montaigne meinte, man müsse den Geist im grenzenlosen Reich des Brachlands umherschweifen lassen.»

«Das hier ist der Versuch einer Nachahmung kannelierter Säulen», unterbricht der Münchner Poet das Schwelgen im grenzenlosen Nichts. Während Klaus und ich ihn noch höhnisch fragen, ob er nicht vielleicht «kandierte Canneloni» meine, philosophiert er schon mit Blick auf die Kannelüren vor dem Französischen Dom, gleichsam als Kontrastprogramm zum Berliner Nihilismus, über ein gewisses Heimatgefühl, das den westeuropäischen Menschen ergreife, wenn ihn der Odem der Antike streift. Würde man in die vielgescholtene DDR-Architektur nur mehr Schönheit europäischer Kultur hineinimaginieren, dann wäre ihr plumper, muffiger Modernismus ästhetisch gemildert und für den Menschen leichter zu ertragen.

Aber hier irrt der Dichter: Leicht ist hier gar nichts und soll auch gar nichts werden. Resigniertes Seufzen und lautes Stöhnen gehören seit einiger Zeit zum Selbstdarstellungsrepertoire des neuen Hauptstädters. Alles sei so ungemütlich, so voll und chaotisch geworden, jammern die wehleidigen Inselbewohner, die den Moloch Großstadt in Rom, Paris oder New York aufregend finden, zu Hause aber lieber in der dörflichen Idylle von Charlottenburg bis Kreuzberg planschen. Früher, befinden die meisten in Ost und West, früher sei alles viel schöner gewesen; und niemand von uns ist frei von Genörgel, außer ein paar Schwulen vielleicht, die neue Reviere in anderen Stadtteilen abweiden können. Jeder hat unter dem Schock der Vereinigung gelitten, der plötzlich deutlich werden ließ, wie unbequem selbst dem improvisationsfreudigsten Geist jegliche Veränderung ist. Da mußte erst der alte, fast blinde Schriftsteller Hans Sahl aus Amerika kommen und bei «Hardtke» in der Meinekestraße zu warmem Blut- und Leberwurstessen (wo er über den möglichen Titel seiner Autobiografie ‹Senil im Exil› sinnierte) vom allgemeinen Chaos schwärmen. Das sei ja wie in den zwanziger Jahren, all die verschiedenen Menschen, die man jetzt hören und riechen könne, begeisterte er sich und stocherte kichernd in seinem Wurstbrei herum, ab und zu fragend, welche undefinierbare Masse sich gerade auf seiner Gabel befände... Daran muß ich mit Beschämung denken, wenn jemand mal wieder über die neuen Mißlichkeiten meckert und ich kopfnickend einstimme. Wie dreckig und krank doch alles geworden ist, daß man am liebsten sofort nach «Westdeutschland», wie es immer noch heißt, umziehen möchte...

Aber wo, außer vielleicht in New York, kann man so gemütlich vor Einsamkeit frieren? Es ist nicht die Einsamkeit des Alleinseins, sondern der allgemein achselzuckenden Hilflosigkeit, die manchmal durch lärmendes Genörgel und unfreundliches Gebaren überspielt wird. Und dann gibt es tatsächlich eine krankhafte Bindung an diese Stadt, wie sie nur vernachlässigte Kinder zu ihrem kaputten Zuhause empfinden. Echte Verostung, wie wir sie vorher nicht ahnten, wenn wir stolz scherzten, daß Berlin der einzige Ort der

Welt sei, an dem in jeder Himmelsrichtung Osten ist. Damals glaubten wir noch, daß hier deshalb überall die Sonne aufgehe und daß jeder Kleinkriminelle so vorbildlich wie Butch Cassidy und Sundance Kid sein müsse.

Klaus will jetzt unbedingt Straßenbahn fahren. Den Dichter interessiert das nicht, in München muß er andauernd Straßenbahn fahren. Er zieht einen Museumsbesuch vor, wahrscheinlich schwebt ihm die Begegnung mit einer einsamen Kunstbeflissenen im auratischen Schein eines Meisterwerkes vor. Aber Klaus ist selbst für die Verführung auf höchstem Niveau nicht mehr zu haben, und so laufen wir durch die Rosenstraße, wo einst mutige nichtjüdische Berliner Frauen, von SS-Truppen mit Maschinengewehren bedroht, für die Freilassung ihrer inhaftierten jüdischen Ehemänner demonstrierten. Wir landen an der Haltestelle Hackescher Markt, wo früher die «Börse» war und jetzt das «Chamäleon» die heiter-volkstümliche Varieté-Alternative zum aufgebretzelten Touristenvergnügen «Wintergarten» auf der Potsdamer Straße bietet.

Ächzend und quietschend legen sich die putzigen Trambahnen in die Kurve, grimmige Fahrer beobachten mißtrauisch die Einsteigenden. Klaus teilt sich mit seiner Frau eine Umweltkarte, die sie unberechtigterweise als Ostler zum ermäßigten Tarif erstehen. Obwohl sie nämlich in Mitte wohnen, ist doch nur der ein richtiger Ostler – zumindest für die Berliner Verkehrsbetriebe –, der schon vor dem 3. Oktober 1990 dort ansässig war. Aber das leuchtet Klaus nicht ein. «Wenn ich schon hier lebe, will ich auch was davon haben.»

Sein Verhältnis zum eigenen Stadtteil muß man allerdings als «leicht gebrochen» bezeichnen. Als er mal Conférencier einer Kabarettgruppe war, die während der Vereinigungswirren unter dem programmatischen Namen «Die höhnende Wochenschau» den wöchentlich wechselnden Zeitgeist der damals noch designierten Hauptstadt kommentierte, kündigte er einen Auftritt im «Haus der jungen Talente» mit den Worten an: «Wir sind nicht jung, haben kein Talent, und ein Haus würd ich das hier auch nicht nennen» – dafür hatten aber die Ost-Besucher weder Humor noch Verständnis. Diese Liebe zur heimatlichen Architektur hat sich bekanntlich mit rührender Zähigkeit und engagiertem Kampfgeist bis heute erhalten, wenn man an die unzähligen Bürgerversammlungen zur Erhaltung der gähnenden Häßlichkeit des Alexanderplatzes denkt.

Mit leichter Erregung (ich) und professionellem Gleichmut (Klaus) erklimmen wir den Tramwaggon, ich bestehe darauf, eine Fahrkarte zu kaufen, und dann ertönt eine autoritäre Klingel wie zu Unterrichtsbeginn, bevor sich die Türen schließen und niemand mehr zum Ein- oder Aussteigen befugt ist. Vorbei geht die wilde Fahrt in kreischendem Tempo am riesenköpfigen Ernst Thälmann, den man dekorativ vor eine Neubauhalbhochhaussiedlung plaziert hat. «Das ist mal echte Arbeiter-Intensiv-Haltung», lobt Klaus, bevor er zu einem Vortrag über die neue Handhabung des Apostrophs durch den Osten anhebt. «Siehste da? Schon wieder!» deutet er auf «Moni's Butterstullenstübchen», das da so klein, bescheiden und ahnungslos zwischen «Geschenke für die ganze Familie» und dem «Döner-Pavillion» ruht. «Die machen aber auch wirklich alles falsch!» stöhnt er auf, «Pavillion, wie der Berliner ebend spricht – aber das mit dem Apostroph, das werden die Ostler durchsetzen wie den grünen Pfeil.»

«Aber was ist denn daran falsch? Ich schreib das auch immer so.»

«Ja, das ist eben der Ost-Anteil in dir. So, wie wir alle männliche und weibliche Anteile in uns tragen, hat auch jeder einen Westler und einen Ostler in sich», lehnt sich Klaus befriedigt über die soeben erfolgte Bestätigung seiner Theorie zurück, um gleich wieder aufgeregt die Nase ans Fenster zu drücken.

«Da, da!» japst er vor Freude und zeigt auf das alte Schild über einer Reinigung, auf dem noch «Komplexe Annahmestelle» zu lesen ist. «Merk dir das bloß, irgendwann werden sie verschwunden sein, all diese schönen Worte.»

Wir sind an der Indira-Gandhi-Straße angekommen und steigen

aus. Böse klingelt es noch hinter uns her, und ich denke einen kurzen, schuldbewußten Moment, daß ich meinen Tornister in der Straßenbahn vergessen habe. Wir widerstehen den Verlokkungen des Kiosks mit der «Boillionwurst», weil Klaus ein Café am See mit tollem Kuchen kennt, und informieren uns vor dem Seerundgang an einem ausführlichen Schild über die jährliche (60 000 Badegäste) und tägliche (2000 Badegäste) Spitzenbelastung der öffentlichen Badestelle, an der immerhin schon 1912 die «Schaffung der Kinderplansche» stattfand.

Der See ist klein, aber schön und wird von der «Jahreszeiten-Parkbetreuung» bewacht. Das Café mit dem tollen Kuchen hat geschlossen, ein zweites umweht zu starker Odeur von altem Fett – also doch zum «Döner-Pavillion», der die gute «Boillionwurst» mit Kartoffelsalat anbietet?

Klaus hat eine bessere Idee: «Wir fahren jetzt mit einer anderen Linie bis zur Warschauer Straße, da kann man unterwegs vielleicht noch die leere Stelle sehen, wo vorher das Lenin-Denkmal gestanden hat, und dann gehen wir zu mir, und ich mach uns einen leckeren Kartoffelsalat.»

Also wieder in die rasende Straßenbahn, aber kein fehlendes Lenin-Denkmal zu sehen, dafür stehen an der Lichtenberger Haltestelle zwei ärmlich aussehende Männer mit so müdem Blick, daß man annimmt, sie hätten vom Vietnamesen keine Zigaretten mehr bekommen. Mitfühlend betrachte ich sie, stelle mir ihr hartes Leben in einem polnischen Dorf vor, wo niemals die Sonne scheint, weshalb sie so grau aussehen, will ihnen schon aufmunternd zulächeln, als sie einsteigen, da trennen sie sich, kaum daß die Türen geschlossen sind. Der eine geht nach vorn, der andere bleibt bei uns stehen, und sobald es schellt, zücken sie irgendeine schmuddelige Karte und schnarren: «Die Fahrausweise!»

Solch einen Triumph hatte ich in der Schulzeit selten, und selbst der Kontrolleur, dem soeben noch mein ganzes Herz entgegenschlug, scheint überrascht, als er prompt die gültigen Karten vor die Nase gehalten bekommt. Ein bewundernder Blick von Klaus, der sich zuvor noch über meine Anwandlung von ordentlicher

Spießigkeit lustig gemacht hatte, als ich auf dem Rückweg wieder darauf bestand, einen Fahrschein zu lösen, und kleine Enttäuschung meinerseits, daß der Kontrolleur noch nicht mal nachprüft, ob Klaus wirklich zum Besitz einer östlichen Umweltkarte berechtigt ist. «Das liegt bestimmt daran, daß ich meinen Mantel im Kaufhof am Alexanderplatz gekauft habe», beruhigt er mich. Und schon sind wir an der Endstation Warschauer Straße angelangt, wo gleich ein Schild im Schaufenster eines Bekleidungsgeschäftes die erneute Belustigung meines Ausflugspartners auf sich zieht: «Wir senken für Sie unser Bestes radikal.» – «Auch schön», murmelt er vor sich hin, «ganz, ganz schön.»

Als wir nach kurzer S-Bahn-Fahrt wieder am Alexanderplatz sind, vergeht mir der Appetit auf Kartoffelsalat, weil mein Auto nicht mehr da steht, wo ich es morgens abgestellt hatte.

«Das kommt davon, wenn man ohne Not und nur zum Vergnügen Straßenbahn fährt», leuchtet mir die Strafe sofort ein. Und weil es mir nicht zum ersten Mal passiert, steuere ich gleich den jungen Uniformierten vor dem Roten Rathaus an, um ihn zu bitten, mit seinem Funkgerät nach dem jetzigen Standort meines Kraftfahrzeuges zu fragen – aber nein, das kann und will er nicht, will vielmehr mit mir über die Straßenverkehrsordnung diskutieren und ob ich denn eine Brille benötige, das Schild sei doch deutlich sichtbar genug angebracht. Und mir fällt wieder der Grenzposten von damals ein, als ich mit geliehenem Auto, an der Windschutzscheibe die Notrufnummer für vergewaltigte Frauen aufgeklebt, über die Grenze zurück nach West-Berlin wollte und der Grenzer mich mit den Worten anhielt «Sie ham soeben ein Vorkerrsschild vorgewalltischt». Hier jetzt der Jungbulle, der «nu mal langsam» sagt, als ich ihn um die Telefonnummer der zuständigen Wache bitte, «jetzt mal ganz korrekt: Es handelt sich dabei um die Polizeidirektion Mitte 2, Referat Straßenverkehr in der Jägerstraße.»

«Aber das will ich doch gar nicht wissen – sagen Sie mir jetzt augenblicklich die Telefonnummer» schnauze ich ihn an, und das ist genau der Ton, auf den er reagiert. Sofort rattert er sie auswendig runter, aber da ist natürlich dauernd besetzt, also doch gleich 110 – da meldet sich sogar nach zehnmaligem Klingeln einer ganz aufgeräumt und sagt die Nummer, unter der jeder erfahren kann, wohin sein Auto abgeschleppt wurde: 699 35 006.

Das Geheimnis des Schloßparks

Daß die Krähen in Berlin zu einer Plage werden könnten, hatte der Charlottenburger Amtstierarzt schon Mitte der achtziger Jahre prophezeit. Früher sammelten sie sich nur bei Anbruch der Dämmerung im Schloßpark und flogen mit großem Geschrei, in weiten Kreisen, bis alle vereinigt waren, zu den Müllkippen vor der Stadt. Seit der Maueröffnung bleiben sie hier – vielleicht eine Auswirkung der Mülltrennung? –, und seitdem sind auch die schwarzen da. Anfangs scheuer als ihre grauen Kollegen, hüpfen sie inzwischen auch mit diesem unnachahmlichen Plumpsen so dicht wie möglich an die Spaziergänger heran und warten, ob jemand die Tasche öffnet und mit Futter um sich wirft.

Die Fütterer teilen sich auf in drei Fraktionen: alte Männer mit altem Brot für die Enten, junge Frauen mit Erdnüssen für die Krähen, alte Frauen mit Essensresten für Eichhörnchen, Enten, Tauben und Krähen. Junge Männer füttern niemanden, keine Tauben, keine Eichhörnchen, keine Enten. Junge Männer haben Hunde. Wie Ralf mit seiner Dunja ziehen sie mit hochgezogenen Schultern, die Hände tief in den Taschen ihrer Lederjacke vergraben, ihre einsamen, nur von mahnenden Pfiffen unterbrochenen Bahnen durch den englischen Teil des Parks. Die Alten bevorzugen die französisch gepflegten Anlagen.

Ralf vertreibt Wasserfilter nach amerikanischem Tupperware-Muster, einem raffinierten System, mit dem man ohne Werbung und ohne Laden seine Sachen loszuwerden trachtet. Mindestens einmal in der Woche müssen die Wasserfilter-Vertreter zu irgendwelchen Schulungskursen antreten, in denen auch ein bißchen Selbstverwirklichungsschmus getrieben wird («Ich heiße Harald, bin eigentlich gelernter Briefträger und neunundzwanzig Jahre alt. Ich hatte irgendwann keine Lust mehr, angestellt zu sein, und bin ziemlich abgesackt. Durch die Wasserfilter hat mein Leben wieder eine Perspektive gewonnen»). Für jeden neu angeworbenen Vertreter gibt es Prämien. Ralf hat Metzger gelernt, dann aber wurde er Vegetarier und schulte um auf Gerüstbauer. Seit drei Jahren ist er arbeitslos wegen eines irreparablen Bandscheibenschadens. In seiner Bezirksgruppe gilt er als einer der erfolgreichsten Verkäufer, weil er eine unschlagbare Methode entwickelt hat: Vor den Augen interessierter Wasserfilter-Kunden bietet er Dunja eine Schüssel mit normalem Leitungswasser und eine mit gefiltertem Wasser an, und natürlich trinkt sie nur vom gefilterten!

«Tiere lassen sich eben nicht betrügen», sagt er dann, «die wissen von Natur aus, welches Wasser sauberer ist.» Und schon kann er wieder einen Bestellzettel für einen Filter ausfüllen, der dreißigtausend Liter Leitungswasser reinigt. Das reicht für drei Jahre Tee, Kaffee und Hundenäpfe.

Auch Ralfs Kater Kasimir, der ihm im letzten Winter zulief, nimmt außer Milch nur Filterwasser zu sich. Den dringenden Empfehlungen des Tierschutzvereins, streunende Katzen kostenlos kastrieren zu lassen, ist Ralf nicht nachgekommen. «Ich würd doch auch nicht wollen, daß mir einer die Eier abschneidet», empört ihn ein derartiges Ansinnen.

Seitdem Ralf wegen eines mißglückten Raubüberfalls zwei Jahre im Knast gesessen hat, weiß er, wie wichtig Vertrauen und Treue sind. Darauf können sich bei ihm vor allem alleinstehende Frauen und Mütter im Kiez verlassen, die ihm längst Tür und Herz geöffnet haben. Sie wissen seine gutmütige Freundlichkeit zu schätzen, die sich wunderbar mit seinen handwerklichen Kenntnissen ergänzt. Kaputte Fahrräder, tropfende Klospülungen, begehbare Kleiderschränke, qualmende Kachelöfen – Ralf richtet alles. Auch wenn er bei der Arbeit jede halbe Stunde einen Joint raucht, der Normalsterbliche für die nächsten drei Tage arbeitsunfähig machen würde. Ralf ist der Herr der Zeit. Während der Rauchpausen sitzt er mit lang ausgestreckten Beinen ganz zufrieden da und betrachtet sein Werk mit einem solchen Wohlgefallen, daß sich jeder Ausbruch von Ungeduld seiner Auftraggeber von selbst verbietet und sofort in entzückte Bewunderung transformiert. Was ein professioneller Handwerker in drei Stunden schafft, dauert bei ihm drei Wochen, und während vaterlose Kinder in halbbekiffter Seligkeit um Ralf und seine Bastelarbeiten herumspielen, haben sich ihre Mütter längst an den träumerischen Gast beim täglichen Mittagessen und Abendbrot gewöhnt. An die fuchsköpfige Hündin Dunja ebenfalls, die zwar äußerst kinderfreundlich ist, weil es immer ein paar süß verschmierte Schnuten und Hände abzulecken gibt, aber noch lieber Kaninchen im Schloßpark erlegt – wenn sie könnte, wie sie wollte. Sie darf aber nicht mehr, seit Ralf unter den angewiderten Blicken anderer Hundebesitzer einen halbtoten Hasen erwürgen und begraben mußte, den ihm Dunja mit schweifwedelndem Stolz vor die Füße gelegt hatte. Gut, daß die Boutiquenbesitzerin, die nur mit Handschuhen, Hut und Pumps durch den Park stöckelt, ihren kontinentalen Zwergspaniel nie vom Arm läßt. «Wie macht der denn seine Geschäfte?» erkundigen sich die versammelten Bastardbesitzer, nur mühsam ihre abfällige Belustigung verbergend. «Dann meldet Hamlet sich eben», sagt sie patzig, und wie zum Beweis regt sich das Bündel auf ihrem Arm. Sie stellt es auf den Boden, es kackt, sie nestelt ein «Hakle feucht» aus der Handtasche, passend zu Pumps und Handschuhen, wischt an einem seiner Enden rum, und schwupps, ist es wieder auf dem Arm und schaut triumphierend auf seine staunenden Artgenossen herab. Einen Hasen zu jagen wäre das letzte, was Hamlet in den Sinn käme.

Dankwart schon eher, aber der muß immer mit Frauchen joggen. Das ist für einen kurzbeinigen Jack-Russel-Terrier ziemlich anstrengend, auch wenn Frauchens starkes Gesäß auf strammen Beinen allzu hohe Geschwindigkeit nicht erlaubt. Wenn Dankwart unziemlicherweise doch einmal stehenbleibt, um an fremder Rüden Pippi zu riechen oder sehnsüchtig einer attraktiven Hündin nachzustarren, dann trippelt Frauchen erbost im Stand und schreit: «Dankwart! Ich hab dir doch gesagt, daß ich joggen will, also komm jetzt endlich – ich hab es dir gesagt, und immer ist es dasselbe mit dir, ich nehme dich bald nicht mehr mit!» Zwecklos, sich auf Diskussionen einzulassen, sichtlich aufseufzend hoppelt

Dankwart stramm mit nach hinten geklappten Ohren weiter, zur großen Freude von Helga und Brigitte, die gerade den Weg von Dankwart und seinem Frauchen kreuzen.

«Erstaunlich, wie manche Menschen zu ihrem Hund passen», sagt die langbeinige und selbst zur frühen Morgenstunde immer wie aus dem Ei gepellte Brigitte spitz und hält wohlgefällig Ausschau nach Ava, einer schwarzen Afghanenhündin, die vor lauter Begeisterung über die eigene Eleganz schon wieder fast vor einen Baum gelaufen wäre. Wenn Ava sich hin und wieder daran erinnert, daß sie ein Hund ist, und den Verlockungen eines stinkenden Maulwurfkadavers nicht widerstehen kann, um sich lustvoll darin zu wälzen, ist Brigitte einem Nervenzusammenbruch nahe. «Ava Gardner!» kreischt sie mit sich überschlagender Stimme, während um Helgas schmale Lippen der Anflug eines schadenfrohen Lächelns spielt, weil sie ihre Salukihündin Marilyn nie von der Leine läßt. Marilyn darf zweimal im Monat beim Rennen mitmachen, ansonsten hat sie stramm bei Fuß zu laufen. Helga ist nie ganz so schick wie Brigitte, obwohl sie sich redlich bemüht. Verkörpert die dunkelhaarige Brigitte geradezu den guten Geschmack der Weltbürgerin, enttarnt sich Helga trotz ihrer prachtvollen Löwenmähne mit irgendeinem Accessoire doch immer wieder als Bielefelderin. Seien es ausgelatschte weiße Pumps zum Jil-Sander-Kostüm oder ein Straßhündchen auf der Barbour-Jacke, irgend etwas wirkt bei Helga immer deplaziert. Helga ist Redaktionsassistentin des gleichen Verlagshauses, in dem Brigitte als Redakteurin arbeitet. Passend zu ihren Hündinnen sind die beiden Frauen schlank bis zur Anorexie, und mindestens eine von beiden scheint ständig von einem Hysterieausbruch bedroht. Ob es sich um ein tränendes Hundeauge handelt, die bevorstehende Eröffnung eines neuen Restaurants oder die Kündigung eines Kollegen, alles wird mit schriller Aufregung debattiert, wobei Brigitte natürlich alles besser weiß und standesgemäß das letzte Wort haben darf. Ihr Spaziergang dauert exakt zwanzig Minuten, danach steigt jede in ihren Wagen, Helga in den weißen Mini, Brigitte in das schwarze Golf-Cabriolet, und dann treffen sie sich im Aerobic-Studio wieder, wo täglich eine Stunde an den Problemzonen gearbeitet wird. Im Park schenken sie nur wenigen auserwählten Rassehundbesitzern ihre Aufmerksamkeit, es sei denn, sie sind prominent, dann dürfen sie auch einen schmutzstarrenden oder Karnickel jagenden Bastard haben.

Ansgar ist nicht prominent, dafür war der Großvater seines Hundes Chico ein prämierter Saluki, was Brigitte und Helga allerdings partout nicht zur Kenntnis nehmen wollen. Marilyn würde so gern den springend werbenden Spielaufforderungen Chicos nachkommen, aber Helga läßt sie nicht von der Leine. Wenn die beiden Grazien nur die Silhouetten von Ansgar und Chico am Ende der Allee erblicken, nehmen sie sofort einen anderen Pfad, um eine Begegnung mit dem fröhlich-verliebten Hund und seinem redseligen Herrn zu vermeiden.

Chico jagt keine Kaninchen, obwohl er sicherlich gern mal würde. Aber er ist auf einer kanarischen Insel aufgewachsen und wie alle einheimischen Hunde zum Nichtjagen erzogen worden, weil sonst die Fauna des Eilands noch schneller ausgerottet worden wäre. Wenn man Ansgar trifft, muß man sehr gut gelaunt und ziemlich bei sich selber sein, um all seine Geschichten über die Gemeinheit der Welt und der Menschen aushalten zu können. Meistens sind die Menschen gemein gegen Tiere. Zum Beispiel die Parkarbeiter in ihrem aussichtslosen Kampf gegen die Maulwürfe und deren tüchtige Nachtarbeit, bei der sie alle Wiesen mit einem aparten Reliefmosaik überziehen. Die Arbeiter, berichtet Ansgar, würden einen Schlauch vom Treckerauspuff in die Höhleneingänge der Maulwürfe führen und so lange Abgase einleiten, bis die im verdienten Schlaf gestörten Maulwürfe nach Luft japsend herausgekrochen kommen. Dann würden die halb Besinnungslosen auf den Rücken gelegt, und in dieser Lage müßten Maulwürfe umgehend sterben. Das machen die Arbeiter so, sagt Ansgar, der früher Pfleger im Altenheim war, aber frühzeitig in Pension mußte, weil er das Elend nicht ausgehalten hat – die machen das so, damit sie keiner beim Tierschutzverein anzeigt. Niemand außer ihm hat die Arbeiter je bei solch frevelhaftem Tun beobachtet.

Groß ist auch Ansgars Haß auf den jungen Mann, der morgens mit dem Fahrrad und zwei Eimern scheinbar harmlos sportlich durch den Park radelt. Tatsächlich aber befestigt er Nylonschnüre mit Fischködern an Bäumen und Sträuchern. Eine Stunde später kommt er wieder vorbeigeradelt, um die Beute einzusammeln, meistens russische Graskarpfen, die zur Reinigung des Teiches ausgesetzt sind – wenn Ansgar nicht gerade auf der Lauer gelegen und alle Schnüre durchgeschnitten hat, damit sich die Enten nicht darin verfangen. Mit der Wildererbeute in einer Plastiktüte läuft er stundenlang durch den Park, um sie anderen Spaziergängern mit gleichbleibender Empörung unter die Nase zu halten.

Die Erleuchtete hat dafür überhaupt keinen Sinn. Sie fühlt sich durch Wilderer nur empfindlich in ihrem positiven Denken gestört, was ohnehin ihre ganze Konzentration in Anspruch nimmt. Dazu ist sie noch vollauf beschäftigt mit all den Synchronizitäten, die ihr täglich in wundersamer Weise widerfahren. Wie am Abend zuvor, beim Fernsehen. «Ich sitze ganz ruhig da und kriege auf einmal so'n merkwürdiges Kribbeln den Rücken rauf und runter, und ich denke noch, nanu – haste dir irgendwie verlegen oder was – dann fängt aber ‹Einspruch› an, und plötzlich seh ich meinen Nachbarn im Publikum sitzen.» Sie bleibt stehen und starrt mich ob dieses schier unglaublichen Vorkommnisses an. Wenn ich etwas hasse, dann Leute, die einem etwas Wichtiges durch Stehenbleiben beim Laufen aufdrängen wollen. «Ausgerechnet den Nachbarn», eilt sie mir hinterher, «wo ich mich schon die letzte Zeit fragte, was der wohl so macht über Tag, weil ich ihn so lange nicht gesehen hatte. Ich habe ja dauernd Vorahnungen, so daß mein Mann schon meinte, ich könnte bald auch im Fernsehen auftreten – aber das ist nichts für mich, ich bin ja an und für sich doch mehr ein privater Typ, obwohl ich doch sagen muß, daß mir das Hellsichtige schon manchmal wichtig für die Öffentlichkeit machen könnte – zumal jetzt, wo mein Mann auf Kurzarbeit ist, da könnten wir was nebenbei schon gut gebrauchen – neulich zum Beispiel – hach, lassen Se uns mal den andern Weg nehmen, da kommt wieder dieser Chinese, der brabbelt dauernd Verschwörungen gegen mich vor sich hin. Asta kann ihn auch nicht ausstehn, kriegt jedesmal 'ne Bürste, wenn se den sieht – ganz schlechte Ausstrahlung hat der Mann, ganz schlecht, und das geht sofort in meine Aura rin, muß ich mir vor hüten, bin ich zu sensibel für – Moment mal, ich muß mir mal eben positive Lichtgedanken geben...»

Brummelnd zieht der Chinese mit gesenktem Kopf vorüber. Irgend jemand will gesehen haben, daß er sich jedes Mal bekreuzigt, wenn er den Park betritt. Was für ein geheimnisvolles Wesen, das dauernd redet, aber mit niemandem spricht. Der Chinese zieht am Belvedere, Luises Teehaus, vorbei, in dem sich heute eine Porzellansammlung langweilt, und achtet nicht auf die junge Frau in den braunen Wollhosen, die wie jeden Morgen einen Baum ihrer Wahl umarmt, nachdem sie ihre Atemübungen absolviert und sich mit ausgebreiteten Armen ein paarmal um die eigene Achse gedreht hat. Meistens kommt kurz darauf der pensionierte Kunstprofessor mit seinem tiefliegenden, graunasigen Basset angeschnauft. Vor einem Jahr sind Hund und Herr zur Makrobiotik konvertiert, und seitdem muß der Professor jeden mit den Weisheiten Oshawas beglücken. Wahrscheinlich ist dieser späte Missionseifer daran schuld, daß er auf seinen Spaziergängen nicht mehr von dem Rhodesian Ridgeback und dem Parasitologen begleitet wird. Der Parasitologe hatte seinen Beruf auch in Afrika ausgeübt, aber die Erleuchtete behauptet steif und fest, er sei Parapsychologe bei den Indern gewesen, um die Schwebetechnik der Yogis zu erforschen.

Aber kein ernsthafter Hundebesitzer nimmt die Erleuchtete noch ernst, zumal sie immer eine Flasche stilles Mineralwasser mit in den Park nimmt, damit Asta nicht aus dem Teich säuft, über den dereinst Königin Luise mit ihren Gästen vom Schloß bis zum Teehäuschen schipperte. Der Parasitologe hat sich jetzt einem polnischen Zahnarzt angeschlossen, der auch einen Ridgeback besitzt, während der Kunstprofessor in der Geliebten der Bäume ein williges Opfer seiner makrobiotischen Kreuzzüge gefunden hat.

Sie ist ganz begierig auf die Lehren Oshawas, und das, obwohl er es war, der gesagt hat, Frauen mit Haaren an den Beinen seien schlimmer als die Atombombe. Die Baumfreundin ist mit Haaren an den Beinen reichlich gesegnet, hat aber grundsätzlich nie etwas dagegen, etwas Neues auszuprobieren, was der seelischen und körperlichen Gesundheit dienen könnte.

Ob der Chinese den Bussard sieht, der soeben im Sturzflug auf die Wiese eine Maus erwischt hat, bewegungslos mit dem Tier in den Klauen auf einem Ast sitzt und wartet, bis der Chinese vorbeigemurmelt ist? Ob er den Fischreiher wahrnimmt, der auf einem Bein im Kanal am Ende der Luiseninsel steht und sofort auffliegt, wenn man stehenbleibt, um ihn zu betrachten? Der Chinese bleibt nie stehen. Solche Spaziergänger sind dem Fischreiher die liebsten, denn selbst das kleinste Zögern spürt er auf weite Entfernung, ja schon der Gedanke «Ach, da ist ja der Fischreiher!» läßt ihn die Schwingen ausbreiten und davonfliegen.

Unter der Trauerweide sitzt wie immer Jakov aus Czernowitz in der Ukraine und träumt vom großen Geschäft. Vor zwei Jahren hat er in der Hoffnung auf ein besseres Leben die Buchenpracht der Bukowina verlassen und macht nun unter der Trauerweide seine Gymnastikübungen. Acht Jahre hat er in einer Nähmaschinenfabrik gearbeitet, weil studieren sich nicht lohnte. Ein Lehrer verdiente weniger als er und konnte sich noch nicht einmal ein Motorrad leisten. Seit ihm in Moskau ein kaukasischer Hirtenhund geschenkt wurde, möchte Jakov Tierarzt werden, «oder Jurist», seit er eine Folge von «LA-Law» gesehen hat. Aber zunächst muß er sich noch mit Gelegenheitsarbeiten bei neureichen Landsleuten durchschlagen, um seine Schulden bei der Mafia zu bezahlen. Eine Weile lief der Kaviarschmuggel ganz gut, aber dann «passierte Unglück», sagt Jakov achselzuckend und kratzt sich bekümmert am muskulösen Oberarm. Sein «Joop»-T-Shirt kündet von besseren Zeiten. Viel lieber würde Jakov unter Deutschen arbeiten, denn die Russen zahlen besonders schlecht. Die Trauer in seinen Augen ist so tief und so groß, daß die ganze ehemalige Sowjetunion Platz darin hätte. Aber wenn er von den einsamen

Motorradfahrten durch die Karpaten erzählt, dann leuchtet sein Gesicht auf, die Worte wollen sich überschlagen, und er ringt nach den richtigen Ausdrücken. Und wenn er sich genug an das vergangene Glück erinnert, schenkt er einem zum Abschied ein Gedicht der Anna Achmatowa. Auf russisch natürlich. Von Paul Celan, der vierzig Jahre vor ihm in Czernowitz geboren wurde, hat er noch nie gehört. «Wahrrscheinlich verrbotten», sagt er resigniert, «wie alles.»

Hätte der Chinese Wenders' Berlin-Filme gesehen, wüßte er, daß der andere vor sich hinmurmelnde Mann, der zuweilen seine Pfade kreuzt, der Schauspieler Bruno Ganz beim Textlernen ist. Helga und Brigitte wissen natürlich, wer Bruno Ganz ist, weil sie keine Schaubühnenpremiere auslassen. Über den Verlag bekommt Brigitte vergünstigte Karten, und Helga war einmal mit einem Bühnenbildassistenten liiert. Obwohl sich beide Frauen darin einig sind, daß Otto Sander der bessere Schauspieler ist, grüßen sie Bruno Ganz, und Brigitte stellt fest, daß «dem auch guttun würde, jeden Morgen schwimmen zu gehen, so wie Gerd Wameling das tut».

Wüßte der Chinese von Bruno Ganz, könnte er sich vielleicht zu fragen trauen, wie das ist, einmal ein Engel gewesen zu sein. Ob man in China Engel kennt? Ob der Chinese je in China war? Er hebt noch nicht einmal den Blick, wenn er an den jungen Bäckern vom alternativen Kiez-Brotgarten vorbeikommt, die jeden Morgen auf der Luiseninsel langsam Tai-Chi zu den Füßen einer seltsam ungraziösen Venus-Statue tanzen. Weiß der Chinese, daß sich hier von Stunde zu Stunde eine neue, wundersame Welt auftut? Und ahnt er, daß sich der Schloßpark niemandem sofort erschließt, um seinen Zauber zu zeigen? Daß er stumm und fast abweisend wartet, ob einer wahrhaftig Lust auf die versteckten Schönheiten und Abenteuer hat?

Die alten Spaziergänger scheinen dies längst zu wissen, obwohl niemand darüber spricht. Sie sprechen über Wurmkuren, rissige Pfoten, das richtige Rausdrehen von Zecken, über Flohsprays und Verdauungsprobleme. Sie warnen einander vor verwesenden

Mäusen und Kaninchen oder faulenden Fischen, in denen sich die Hunde gern wälzen, vor dem Polizisten, der an manchen Tagen durch den Park streicht, um von jedem Hundebesitzer, den er beim leinenlosen Gang erwischt, zwanzig Mark zu kassieren. «Aber eigentlich gilt hier die Berliner Regel», gibt Ansgar zu, «es ist zwar nicht erlaubt, aber es wird geduldet – nur erwischen lassen darf man sich nicht.» Eine schöne Regel.

Über all dies wird geplaudert, aber niemals über das gemeinsame Geheimnis, warum man sich Tag für Tag zur gleichen Zeit im Schloßpark einfindet, warum keiner den kleinen Rundgang über die Luiseninsel ausläßt und warum fast jeder für einen Augenblick auf der gewölbten Brücke mit dem roten Eisengeländer zwischen See und Kanalausläufern verweilt, um scheinbar teilnahmslos auf das Spiegelbild des Schlosses zu schauen. Und auch nicht, warum es jene Morgen gibt, an denen plötzlich jeder an der gleichen Stelle des Seeufers den Kopf zum Himmel hebt und einen Moment in dieser Stellung verharrt. Darüber braucht man nicht zu sprechen, jeder weiß Bescheid.

Hundebesitzer wissen ohnehin über alles im Park Bescheid. Sie sind schließlich gesellige Einzelgänger, die aufmerksam ihre Runden drehen und geringste Veränderungen in diesem großen offenen Wohnzimmer sofort mitteilen. Aber nur demjenigen, der, durch regelmäßige Anwesenheit und diskrete Aufräumarbeiten ausgewiesen, dazugehört. Wer zuerst da ist, stopft schon mal die von den Krähen ausgeplünderten Chipstüten und Butterbrotpapiere zurück in die Mülleimer, damit alles wieder schön aussieht. Irgend jemand hat das Hakenkreuz auf dem Abfallcontainer mit roter Leuchtfarbe übersprüht, dafür stehen jetzt auf dem Obelisken zur geheimnisvollen Ehrung des 11. März die ausgelaufenen Buchstaben ISLAM; hinten auf der Insel, unter den Johannisbeersträuchern, liegen zwei tote Ratten, die Büste der Luise wurde mit Lametta geschmückt; das kleine Holzkreuz unter den Tannen ist dem Goldhamster von Sarah und Daniel aus der Seelingstraße gewidmet; gegen acht Uhr dreißig stand ein Wichser hinterm Mausoleum; Brigitte hat sich einen Hut für vierhundert Mark gekauft; einer der Schwäne hat gestern gekotzt; Ansgar war beim Friseur, der ihm die Haare viel zu kurz geschnitten hat, und übermorgen fliegt er mit Chico in Urlaub auf die Kanaren; der alte Herr mit dem Hirschkopf auf dem Spazierstock ist gestern gestorben; im anliegenden Seniorenheim ist am Nachmittag Tanz mit Band, nächsten Dienstag empfängt der Bundespräsident im Schloß, und der Park wird schon am Montag um 16.00 Uhr geschlossen, damit sich die Sicherheitsbeamten in den Büschen verteilen können; der Mann mit der Dogge soll angeblich seine Frau schlagen, der Professor hat ein neues Wundermittel entdeckt, und Setterhündin Carmen ist heute morgen mit sechzehn Jahren sanft entschlafen.

Tayfun in Techno-Land

Im Feuilleton einer bedeutenden deutschen Tageszeitung war ein Artikel über das Tacheles erschienen, einen Ort, so hieß es dort, an dem man sich angenehm gruseln könne – genau das Richtige, um den halbwüchsigen Sohn, seinen türkischen Freund Tayfun und den persischen Kaveh zu einem gemeinsamen Ausflug zu locken. Gegruselt hat sich keiner, dafür waren alle zu sehr beeindruckt von dem riesigen Gelände, das sich hinter der Fassade erschließt; von der ausgehöhlten Mig 21, deren Spitze abflugbereit in den Himmel ragt, und von dem halb eingebuddelten Wrack eines Omnibusses.

In den Ruinen des ehemaligen jüdischen Warenhauses hatten sich gleich nach der Wende Künstler, Trebegänger, Berufskreuzberger und ausländische Avantgardisten eingenistet, um dort das beliebte Gesamtkunstwerk aus Leben und Arbeiten zu gestalten. Experimentelles Theater, Räume für Performances, ein Kino und ein Café sind zum festen Bestandteil des Kulturhauses geworden, mit dem sich der Berliner Senat mittlerweile in seinen internationalen Tourismusbroschüren brüstet.

«Ist ja eigentlich eher was für Asseln, aber irgendwie doch echt kraß», müssen die drei Jungs etwas neidisch zugeben, die natürlich keine Asseln sind, wobei einem Außenstehenden kein Unterschied zwischen Hip-Hoppern, zu denen sie sich zählen, und Asseln auffallen würde. «Asseln sind eben solche, die sich gerne schmuddelig anziehen, dauernd auf Demos rennen und die Toten Hosen hören. Wenn diese Musik abgeschafft würde , dann würde uns das nicht besonders stören», lautet die etwas dürftige Erklärung, denn so richtig schnieke sehen die drei auch nicht gerade aus, und ich persönlich finde die Toten Hosen auch nicht abschaffungswürdig. Wenn ich es aber richtig verstehe, sind Asseln wohl das, was wir früher mit «Müslis» bezeichnet hätten: umweltbewußt, politisch engagiert, und mit Drogen, außer Haschisch, haben sie eher wenig am Hut, während ihr Musikgeschmack zwischen folkloristischen Protestliedern und Heavy Metal angesiedelt sein kann. Hip-Hopper dagegen hören von morgens bis abends nur nervtötenden Sprechgesang, am liebsten von tumb bis gefährlich aussehenden Schwarzen, die vor jedem zweiten Wort ein «fuckin'» einlegen und im Nebenberuf auch kriminell sein können. Hip-Hopper oder «Rapper» legen großen Wert auf ihre Kleidung aus zu weiten und zu langen Hosen und Hemden, die ihnen ein kartonähnliches Aussehen verleiht, sind neugierig auf alles, was törnt, lesen nur Zeitung, wenn was über Ghetto-Gangs drin ist, und tanzen wie betrunkene, viereckige Bären, die merkwürdig mit dem Kopf wackeln und ständig die Vorderpfoten von sich wegstrecken.

Obwohl das Tacheles also vom Design her eher etwas für Asseln ist, andererseits aber auch viele Technos hier leben, kann ein Hip-Hopper es goutieren. Technos sehen aus wie das technische Flughafenpersonal für Notfälle. Das Haar windschnittig kurz, die Overalls gern ölverschmiert. Auch wenn sie ihre Musik gegenseitig disgusting finden, gehen Asseln, Hip-Hopper und Technos mit freundlichem Desinteresse miteinander um. Wie sich dann doch wieder alles zum Guten fügt, wenn nur kulturübergreifende Toleranz geübt wird.

Irgendwo an der Trümmerwand ist ein Heldenportrait von Lenin aufgemalt, in der unteren Bildecke mit einer Kloschüssel garniert, darüber hängt der offensichtlich dazugehörige Wasserkasten. Gähnende Fensterlöcher, verwahrloste Zimmerruinen, rußgeschwärzte Steine. Graffiti überall. Erwartungsvoll klackern die Spraydosen in Tayfuns Rucksack, drei aufgeregte Augenpaare schweifen über das Gelände, auf der Suche nach einem prominenten freien Platz zur Markierung. Zur Friedrichstraße hin stehen zwischen Lastwagen und Autobussen bemalte, zum Teil kaputte kleine Wohnwagen, deren Fenster mit Zeitungspapier oder Lumpen verhängt sind. Hinter uns, aus dem Haus, klingt Musik, unverständliche Männerstimmen kommen aus den Wohnwagen, es nieselt aus farblosem Himmel. Jetzt fehlt eigentlich nur noch Mad Max.

Mit offenem Mund stehen die drei Jungen vor einem kreisförmigen, leuchtend gelben Objekt aus zusammengeschweißten Metallplatten, von dem sich drei schwarze Punkte abheben. «Vielleicht 'ne Blindenbinde», mutmaßt Tayfun. «Und was soll das bedeuten?» zuckt Kaspar die Schultern und sucht auf dem Boden nach leeren Spraydosen und abgefeuerter Munition. «Es ist ein Q», erkennt Kaveh grinsend, «kraß, eij, ein blindes Q.» «Echt kraß», murmeln die beiden anderen beifällig, als ihnen der zwiefache Sinn eines blinden Q aufgeht.

Ein paar Hunde streunen zwischen Kunst und Müll, schlabbern aus Pfützen, schnüffeln in Plastiktüten – und da, da kommt doch wahrhaftig Mad Max! Aus einem der Wohnwagen stolpert eine Gestalt, in der einen Hand eine Sammelbüchse, in der anderen einen Zeitungsständer. «Support our journey to Russia», steht zwischen aufgeklebten Zeitungsausschnitten über die Künstlergruppen «Spiral Tribe» und «The lost tribe of Mig». Der junge Mann in zerlöcherten, weiten schwarzen Hosen und einem kurzen, ölfleckigen Armeejäckchen schlurft mit offenen Schnürstiefeln auf uns zu. Hier kommt Alex! Was für wunderschöne, sanfte braune Augen, die unter der schmierigen Baseballkappe aufmerksam dreinschauen und unseren faszinierten Blick von seinen tiefschwarzen Fingernägeln ablenken.

«Wollt ihr eine Spende geben?» fragt er freundlich und will sich fast schon wieder abwenden, als wir nicht gleich das Portemonnaie zücken. Er hat nicht mit unserer Neugierde gerechnet, die drei Jungen wollen wissen, ob irgendwo noch mehr Munition rumliegt, woher sie die Mig-Rakete haben («Gibt's davon noch mehr?»), wer die Graffitis gesprayt hat und wer mit «Poet» zeichnet («Echt kraß, wir kennen auch einen poet»), und dann endlich: «Entschuldigung! Können wir vielleicht auch irgendwo sprühen?» Während ich mich noch über die höfliche Anfrage amüsiere, hab ich mich schon in den sanften, braunen Augen verträumt. Ist er echt oder ein Mutant? Gut oder böse? Ist er Angehöriger des Spiralen-Stammes oder ein Agent der verlorenen Mig-Sippe...

Alex bleibt nichts anderes übrig, er lädt uns zum Tee in den Küchenlastwagen ein. Schwaden gebratenen Specks quellen uns entgegen, als er die Tür öffnet. Drei oder vier noch wildere, noch schmutzigere Gesellen braten und brutzeln mit einer Hingabe am frühen Vormittag, daß einem schlecht werden kann. Alle haben entweder kurze oder gar keine Haare.

«Sie wollen ein einziger Körper sein, deshalb haben alle die Haare kurz», erklärt einer der «Migs», die im Gegensatz zu den «Spirals» über verschiedene Frisuren und Haarlängen verfügen. «Niemand soll den einen vom anderen unterscheiden können, wenn sie bei den Shows zwischen Verstärkern und Boxen hin- und herhuschen.»

Hinter uns quetschen sich die Hunde herein, der eine legt die Vorderpfoten auf den langen Küchentisch und beißt die Essensreste von gestern oder vorgestern aus Schüsseln und Töpfen. «Don't touch him», warnt einer, der aussieht wie eine Mischung zwischen Tim (von Tim und Struppi) und einer riesigen Androidenmaus, «he's got worms» – und weil er aus Liverpool ist, spricht er «worms» aus wie «uähms». Die Kinder schauen mich fragend an, ich zucke ratlos die Achseln. «Vielleicht Wanzen?» «That long», breitet die Gestalt ihre Arme jetzt weit auseinander. «Dann ist es wohl ein Bandwurm», übersetze ich in die entsetzten Jungengesichter. «I've seen it – that long, came out and then went back into his body», vollendet die Riesenmaus ihre Geschichte und widmet sich wieder der Bratkunst. Die designierten Gang-Mitglieder aus guten Häusern starren sich gegenseitig um Hilfe an. Auf MTV sieht alles viel schillernder aus, und von Bandwürmern ist in den «Fuck the cop»-Songs nie die Rede.

Der sanftäugige Alex holt zwei dreckige Milchkaffeeschalen aus dem Durcheinander und gießt Tee ein. Kaveh und Tayfun schweigen betreten und lassen dem Freund den Vortritt. Kaspar schluckt laut und schnuppert vornehm an der Tasse. Tapfere Mutter nimmt fasziniert einen Schluck und erinnert sich an eigene Landkommunenerfahrungen zwanzig Jahre zuvor.

«Ist das schwarzer Tee?» fragt Kaspar sinnlos und reicht die

Schale an Tayfun weiter. «Das ist wahrscheinlich englischer Tee», erklärt der und gibt sie ohne eine Miene zu verziehen an Kaveh. Der aber behauptet, niemals Tee zu trinken. Die anderen Stammesmitglieder haben sich inzwischen mit ihrem Gebratenen und Gesottenen nach draußen verzogen und hocken auf Kisten und Stuhlresten zwischen Hunden, denen die Spucke aus den offenen Mäulern rinnt. Und der arme Alex muß mit uns im Wagen sitzen und kann selber keinen Tee trinken, weil keine Tasse mehr da ist, weder sauber noch schmutzig.

«Ja, dann gehen wir doch auch mal raus», schlage ich munter vor, «und du kannst uns euer Studio zeigen.» Alex hatte erzählt, daß Spiral Tribe aus 23 Leuten besteht, die mit ihren Truck- und Buswracks durch Europa ziehen und überall, wo es gewünscht wird, ihre Techno-Shows vorführen, letzteres nicht unter drei Tagen natürlich, denn sonst würde sich der Aufbau nicht lohnen.

Die Eisenkunst wird von den Migs gemacht, allerdings gibt es von ihnen nur noch drei, die übriggeblieben sind. Vor ein paar Jahren, noch vor der Maueröffnung, hatten sie als «Mutoid Waste» auf Kreuzberger Niemandsland die Anwohner eingeladen, ihren Sperrmüll bei ihnen abzuliefern, aus dem sie Kunst schweißten. Abends hockten sie am Lagerfeuer und hörten Musik oder bastelten Objekte. Wo ist der Rest dieser kraftvollen Gruppe geblieben? Who knows.

Der Studiobus ist ein eigenwilliges Objekt. Aus dem kleinen Fahrersessel quellen Holzwolle und Sprungfedern. Die Windschutzscheibe ist durch ein Holzbrett ersetzt worden. Wo einstmals die Sitzbänke für die Fahrgäste standen, sind jetzt auf der einen Seite fünf mal zwei Kojen übereinandergestapelt, in denen Armeeschlafsäcke, Schnapsflaschen, Wolldecken, eingetrocknete Kaffeetassen, Pullover, Kekskrümel und Overalls durcheinandergeknubbelt sind. Auf der anderen Seite die teuren Technics-Plattenspieler zum Scratchen, verschiedene Mischpulte und große Boxen.

Alex führt uns die letzte Platte «Sirius 23» vor, warnt aber vorsichtshalber, daß wir es wahrscheinlich nicht mögen würden. «Die 23 ist eine sehr wichtige Zahl – ich bin auch 23», meint er ein wenig altklug, aber da ich Robert Anton Wilson gelesen habe, weiß ich zum Erstaunen der Jungen darüber mindestens soviel Unsinn wie Alex.

«Kraß – Hard-Techno», sagt Tayfun lächelnd, als die ersten Töne die Fensterscheiben erzittern lassen – das einzige, was er neben Hip-Hop akzeptiert. Mir dreht sich wie üblich der Dünndarm übers Zwerchfell, und mein Herz kriegt Rhythmusstörungen.

«Techno ist immer stärker als du», hatte Udo einmal gesagt, «Techno ist weiße Maschine. Ein guter DJ kann dich bis in die Hölle führen, wenn er schlecht drauf ist. Aber die Kunst besteht natürlich darin, dich direkt in den Himmel zu katapultieren.»

Kaspar, Tayfun und Kaveh ist die Philosophie egal, sie sind mehr daran interessiert, wie man mit zwei Platten die melodisch oder rhythmisch passenden Übergänge hinkriegt. Alex stülpt ihnen dick gepolsterte Kopfhörer über und läßt sie ans Mischpult. «Don't mess around», sagt er, unschuldig auf das Chaos um sich herum weisend.

«Ich versteh das nicht», sag ich zu ihm, als wir wieder rausgehen und auf ein Buch über Virtual Reality treten, «was ist die Idee hiervon?» Freundlich streicheln seine Fellaugen mein Gesicht. «Als Kind hab ich immer Science-fiction gelesen – dies hier ist die Erfüllung meines Traumes.»

Ich glaube ihm, obwohl ich immer noch nicht begreife, warum einer davon träumt, wie eine Ratte zu leben. Ganz kurz phantasiere ich mich in Alex' Sippe, zwischen Lebensmittelresten und Automotoren, Hundebandwürmern und künstlichen Wirklichkeiten, und bin ein bißchen traurig, als wir weggehen, weil zu Hause keine Sippe auf uns wartet.

«Kommt doch in zwei Wochen zu unserer Party in den Bunker», ruft uns der zahme Mad Max hinterher, «wir geben die besten! Weltweit!»

«Jeder Mensch könnte ihn lieben», sagt Tayfun versonnen im Auto über Alex, «ob Mann oder Frau, das liegt an seiner Ausstrahlung.»

Karfreitagmorgens stehe ich im Nieselregen vor der unauffälligen Eisentür. Seit Mittwochabend ist die Party in vollem Gange. Nach zaghaftem Klopfen öffnet ein freundlicher junger Mann mit weißblonden Stoppelhaaren. Kein Erstaunen über die ältliche Besucherin. Gleichmütig entläßt er mich, zum Eintritt abgestempelt, ins dröhnende Dunkel. Blind taste ich mich vorsichtig durch das Labyrinth von Katakombengängen und Schutzräumen. Von irgendwoher kommen Nebelschwaden, die im Rhythmus der Bassschläge vorwärtsquellen. Sensationen, die das Ohr erst als Klänge wahrnimmt, wenn sich der Körper schon gegen den kommenden Schmerz gepanzert hat. Man muß wohl dem Krach nachgehen – bis dahin, wo er am unerträglichsten ist. Manchmal kommt einem einer entgegen, von dem man nur die Umrisse erkennen kann, bis man fast mit ihm zusammenstößt.

Beinahe wäre ich über etwas Großes, Weiches gestolpert. Ich schaue suchend nach unten. Da hocken Kinder auf der Erde. Sie sind ganz still, hocken nur da, mancher döst, an seinen Nachbarn gelehnt, in Zeitlupentempo werden Joints gedreht, kleine Pillen kullern wie Bonbons über den Boden, niemand spricht, weil sowieso keiner etwas verstehen würde. Ich muß jetzt ganz nah an der Lärmquelle sein: die Bässe versetzen stärkere Schläge aufs Trommelfell, aber schlimmer sind die Hiebe in die Magengrube. Langsam kann ich etwas besser sehen und gehe in den Raum hinein, aus dem die Trockeneiswolken strömen. Unter dem Lichtkegel einer Fünfziger-Jahre-Schreibtischlampe steht der Discjockey hinter einem Pult voll Plattenspielern, so ernsthaft wie der Chemiker bei seinen Versuchen über den Reagenzgläschen. Es muß sich um ein sehr wichtiges Experiment handeln: Die eine Hand preßt den Kopfhörer ans Ohr, die andere reibt und schiebt eine der laufenden Platten auf den Tellern vor und zurück. Niemand tanzt in der Mitte des Raumes, auf die das Stroboskoplicht flackert und wo ab und an Suchscheinwerfer die Leere durchqueren. Strahlend kommt ein Mädchen ans Pult und bietet dem Discjockey einen Drops an, er lehnt ab. War es ein Pfefferminz oder ein Wachmacher, egal, er wollte nicht, war ganz versunken im Schieben, vor und zurück, ein Mann bei der Arbeit, der nicht gestört werden darf.

Meine Eingeweide haben sich an die regelmäßig stampfenden Schläge gewöhnt, ja, sie brennen geradezu darauf, daß in den immer wieder gleichen Abständen ein neuer Schlag erfolgt, aber da sei der Zeremonienmeister am Mischpult vor. Ganz langsam hat er einen synkopischen Rhythmus eingeschoben. Unauffällig läßt er ihn lauter und lauter werden. Ein riesiger Eisenklotz schiebt sich, erst entfernt, dann immer näher, über einen rostigen Eisenfußboden. Ganz langsam, peinigend unregelmäßig, kratzt er dumpf über den Boden, stößt irgendwo gegen, stöhnt zurück, wird noch langsamer – mein Körper schreit in wütender Verzweiflung nach dem hastigen Tacktack, als bliebe sonst das Herz stehen; das Blut will weiter durch die Venen schießen, aber die Maschine röchelt und seufzt und schenkt nur vereinzeltes Bumsen, als stoße sie hier und da gegen eine andere – wird in unerträglicher Langsamkeit wieder zurückgezogen, immer entsetzlichere Rhythmusstörungen, wie ein Süchtiger drängt man dem vereinzelten Stampfen entgegen. Gleich wirst du hinfallen, als wenn sie dir den Strom abgedreht hätten, und es bäumt sich alles in dir auf, ein tödlich erregendes Gefühl – wie weit kann ich mich dem hingeben, wieviel Hölle halte ich aus?

Der Discjockey hat Erbarmen, zieht die andere Platte wieder hoch, gibt dem Herzen den alten, schnellen Takt ganz, ganz sachte zurück, alle Sinne sind auf diesen einen Rhythmus gerichtet, nur der kann den Kreislauf wieder hochpumpen – da ist er, ganz pur, ganz alleine tacktacktacktack, alles in mir atmet erleichtert auf, noch einmal davongekommen, alles gleitet ihm ertrinkend entgegen, Luft schnappen, mittacken, wieder im Lot, wieder funktionstüchtig, wieder selber Maschine, wieder glücklich.

Ich bin wie gelähmt und habe endlich verstanden. Es ist sieben Uhr morgens an einem grauen Karfreitag, und ich habe ein Abenteuer erlebt, von dessen Existenz ich nichts ahnte. Die schweigenden Kinder um mich herum werden plötzlich zu gelassenen Bewohnern eines anderen Planeten, dessen Gesetze sie wie mit der

Muttermilch getrunken, intus haben. Wortlos, ohne Fragen und Antworten.

«Man muß da gar nicht so 'n Ding draus machen», sagt Udo, «man kann es auch ganz friseusenmäßig genießen. Kleinen Joint rauchen, bißchen dummes Zeug reden, ganz viel tanzen und dann kaputt nach Hause gehen und denken, klasse Abend!»

Aber friseusenmäßig sind die hier ganz und gar nicht drauf. Hier regiert der schweigende Ernst. Selbst wenn sie zärtlich miteinander sind, streicheln sie sich wie im Bewußtsein des Untergangs. Ist das jetzt unerotisch oder die Zukunft des Geschlechterverkehrs? Als habe er nur auf das Stichwort gewartet, steht plötzlich aus bärenpelzbraunen Augen um sich streichelnd so schön wie gerade angefertigt, Alex vor mir, und ich bekomme weiche Knie. Eine völlig unpassende Reaktion aus einer anderen Welt. Stolz schreit er mir durch die Musik zu, daß er seit drei Monaten mal wieder zwei Ecstacy geworfen hat, und daß alles ganz toll ist. Weil ich so froh bin, ihn zu sehen, finde ich das auch.

Wir setzen uns zwischen die Gitter eines Palettenträgers von Bolles Supermarkt, und wie automatisch kramt er Tabak, Blättchen und ein Grastütchen hervor. Alle zwei Minuten kommt jemand vorbei und deutet auf Blättchen oder Tabak, Dope haben alle selber. Dann kommt einer und hält einen langen Vortrag, von dem kaum etwas zu verstehen ist. Komischerweise redet niemand lauter, um den Krach zu übertönen, aber sie scheinen sich gegenseitig zu verstehen. Wohl alles eine Frage der inneren Frequenzeinstellungsbereitschaft. Ich bemühe mich ebenfalls. Es geht offensichtlich um ein Graffito an der Wand, das mir bis dahin gar nicht aufgefallen war, weil es sich in nichts von allen anderen Wandsprayereien unterschied. Aber hier waren jetzt zwei Kenner ins Gespräch gekommen: Mit würdevollen Mienen tauschen sie ihre Eindrücke und Erkenntnisse aus, wie zwei Kunststudenten im Louvre. Irgendwann hat der eine genug erfahren, bedankt sich freundlich, geht wieder zurück zu diesem Bild, an dem ich immer noch nichts Ungewöhnliches erkennen kann, hockt noch eine Weile sinnierend davor und schlappt dann wieder fort ins schreiende Dunkel zu irgendeiner anderen Eckenhockgruppe.

Daß der seltsame Zauber dieser Kellerwelt von dem bedröhnten Zustand ihrer Eingeborenen ausgeht, tut meiner Zuneigung keinen Abbruch. Ich mag ihren Trotz und ihre Verlorenheit, ihre brutale Musik und ihr friedliches Zombie-Miteinander, aber ich träume mich nicht mehr zwischen sie. Diese lauten, bekifften und betrippten Nächte sind auch bei ihnen, wie bei der Friseuse, eher die Ausnahme als die Regel. Der Alltag dieser außerirdisch Geworfenen besteht aus Betteln, schlechten Zähnen und banalen Auseinandersetzungen. Aber wann verliebt man sich schon in jemanden, wenn er gerade die Regel lebt?

Meines Vaters Frauen

An dem Tag, als ich mit der vierten Frau meines Vaters die zweite Frau meines Vaters besuchen wollte, schien über Ostberlin die Sonne, und mein Vater war schon lange tot. Es war ein sanfter Frühlingsnachmittag, Mitte der siebziger Jahre.

«Mein lieber Gottfried Kuhlmann», staunte die Vierte, die in einer Bergmannsiedlung von Gelsenkirchen-Günnigfeld aufgewachsen war, wo mit diesem Ausdruck Beeindruckendes kommentiert wird, «mein lieber Gottfried Kuhlmann», sagte sie, als wir auf dem Strausberger Platz standen und sich die endlosen Weiten der Stalinallee vor uns auftaten.

Auch die Zweite staunte nicht schlecht, als wir plötzlich vor ihrer Wohnungstür im obersten Stockwerk eines Hochhauses standen und uns vorstellten. Sie war naturgemäß wesentlich älter als die Vierte, weil ja noch die Dritte dazwischenlag, sah aber für ihre damaligen 65 Jahre ziemlich flott aus. Stahlblaue Augen durchbohrten erst das Gesicht und dann die Figur der Vierten, streiften mich kritisch, aber nicht unfreundlich, und: «Nun ja, dann kommen Sie herein», hatte sich die große, blondgelockte Russin schnell gefangen und winkte uns mit kräftigen Oberarmen, die braungebrannt aus einem rosa-weiß gepunkteten Sommerkleid hervorstaken, in die Wohnung. Ihr Gesicht und ihr Körper strahlten bäuerliche Gesundheit aus, aber der Gang und das gebieterische Benehmen erinnerten eher an eine Großgrundbesitzerin. Jahre später erfuhr ich, daß sie einem schottisch-baltischen Adelsgeschlecht entstammte.

Unauffällig musterte meine Mutter die Einrichtung in dem riesigen Penthouse, durch dessen breite Fensterfront der Blick auf den Fernsehturm am Alexanderplatz fiel. An allen Wänden Bücherregale, ein paar Brücken auf dem Parkett, zwischen den Fenstern, über Eck, Sofa und Sessel, ein paar realsozialistische Bilder. Alles großzügig und von dezentem Geschmack.

«Wie haben Sie mich gefunden?» fragte die Zweite, nachdem wir alle drei verlegen Platz genommen hatten. Ihre Stimme war hoch und weich wie die eines jungen Mädchens. «Über den Bruder meines Ma –» meine Mutter stockte, «über den Bruder von Teddy in Stockholm. Sie haben ihn mal in New York getroffen.» – «Nun ja, aber das muß mehr als zwanzig Jahre her sein», kam es ein bißchen patzig zurück, und dann ging die Zweite erst mal Kaffee kochen.

Ich war sehr aufgeregt, meine Mutter ließ sich, wie immer, nichts anmerken. Sie war das genaue Gegenteil der Russin: klein, rund, schwarzhaarig und mit einer dunklen Stimme. «Die wohnen ja ganz schön luxuriös», zischte sie mir zu, und ich konnte gerade noch entgegnen, daß der jetzige Mann der Zweiten schließlich irgendein hohes Tier in der DDR sei, bevor die Russin wieder mit wiegenden Schritten und dem Kaffeetablett auftauchte.

Wir blieben vielleicht zwei Stunden bei ihr. Ich weiß nicht mehr genau, worüber geredet wurde, weil mein Herz manchmal so laut klopfte, daß ich die beiden Frauen nicht mehr verstehen konnte. Dies war eine echte Kommunistin und die erste Russin, die ich sah. Mein Vater hatte selten, aber immer mit einem leichten Grinsen von ihr gesprochen. Ich wußte, daß sie eine Freundin von Sophie, der Witwe Karl Liebknechts, gewesen war. In den fünfziger Jahren hatte man sich regelmäßig am Donnerstag in Sophies Haus auf der Moskwa-Insel zu Tee und gepflegten Gesprächen eingefunden. Doch vor allem waren dort Wanderungen geplant worden. Helmi, der Sohn von Sophie und Karl, war der große Ausflugsagitator – Minimum 20 Kilometer Fußmarsch! –, der nie vergaß, darauf hinzuweisen, daß das Wandern uralte Familientradition sei, die sein Großvater im Londoner Exil begründet hatte.

Eine halbe Stunde lang klagte die Russin über meinen Vater, der ein Schürzenjäger gewesen sei, und erzählte, wie sie ihn eines Tages in seinem Büro überrascht hatte, als gerade drei junge technische Zeichnerinnen kichernd auf seinem Schreibtisch, wenn nicht gar auf seinem Schoß hockten... «Was ist eigentlich mit Ihrer Tochter?» unterbrach meine Mutter, die für solcherlei Klatsch gar nichts übrig hat. «Lebt sie noch in Moskau?» Ja, Rachel sei Architektin wie der Vater, lebe in Moskau und habe eine Tochter. «Und dann hat es doch noch einen Sohn aus der ersten Ehe gegeben», bohrte meine Mutter weiter, «wissen Sie etwas über ihn?»

Statt einer Antwort gab die Russin eine weitere Schürzenjägergeschichte über meinen Vater zum besten, wie er sie in der kommunalen Gemeinschaftswohnung betrogen hatte, die sie nicht nur mit meinem Vater und seiner ersten Frau, deren Sohn und ihrem Baby und mit meinen Großeltern, die aus Berlin nachgekommen waren, hatte teilen müssen, sondern auch noch mit den Tataren, «die waren fünf», und mit einer dreiköpfigen russischen Offiziersfamilie. Alle lebten in einem Zimmer, um die Betten waren Laken gehängt, um ein bißchen Intimität zu schaffen, doch eines Tages habe er sie wieder mit der ersten Frau betrogen, einer deutschrussischen Jüdin, «ein Gesicht wie ein Engel, aber schreckliche Hüften – wie ein Zelt war sie gebaut», meinte die Russin mit einem wohlplazierten Seitenblick auf meine Mutter. «Sie war so lebensuntüchtig und jammerte immer nur, wie eng und schrecklich alles sei, aber später hat sie einen Arzt geheiratet, ich glaube, er kam aus Lettland, und der hat dann sie und das Kind mitgenommen...»

Außer ihrem Zorn auf den Mann, den sie vor 40 Jahren das letzte Mal gesehen hatte, hatte sie uns nichts zu sagen, wünschte aber einen schönen Aufenthalt in Ostberlin und empfahl einen Gang über den Dorotheenstädtischen Friedhof, wo wir verzückt und doch auch voll Mitleid das prächtige Grabmal des Ringofen-Erfinders betrachteten, dessen vier Kinder nacheinander an Scharlach gestorben waren. Und damit endete unsere Suche nach der Geschichte dieses ersten Mannes meiner Mutter und einzigen Vaters, den ich je hatte.

«Die soll bloß nicht so tun. Immer wenn er in Sibirien zum Arbeiten war, hatte sie ein Verhältnis mit seinem Bruder», verteidigte meine Mutter den Freund der Frauen auf dem Rückweg nach Westberlin. «Der Papa hätte sich kaputtgelacht, wenn er das gehört hätte», und mehr sprachen wir nicht darüber.

Ein Jahr nach der Maueröffnung und fünfzehn Jahre nach dieser Begegnung meldete sich die schöne Russin mit ihrer immer noch mädchenhaften Stimme telefonisch bei mir und fragte knapp, ob ich meine Schwester aus Moskau kennenlernen wolle; und wenn ja, solle ich mich am kommenden Samstagnachmittag in dem Haus am Strausberger Platz einfinden. Ich rief die Tochter der dritten Frau meines Vaters in Westdeutschland an, die sofort eingeflogen kam. Fast wären wir an den zwei älteren Frauen, die vor dem Portal des Hauses standen, vorbeigelaufen, wenn die eine nicht leise fragend meinen Namen gerufen hätte. Natürlich, sie war es, die Russin – immer noch so kräftig und braungebrannt, so blondgelockt und strahlend blauäugig – die andere, ebenfalls groß mit blondiertem schulterlangem Haar, schaute uns schweigend an. Ich erkannte die Augen meines Vaters, diese tiefliegenden graugrünen Augen mit der blassen Unterlidpartie in den hochragenden Wangen. Eine hübsche Frau, die vom Alter her fast meine Mutter hätte sein können, gab mir die Hand und begrüßte mich auf deutsch.

«Das ist deine Schwester Rachel», sagte die zweite Frau meines Vaters zu mir; daraufhin stellte ich ihnen Barbara als Tochter der dritten Frau vor. Alle suchten forschend in den Gesichtern der anderen nach Erinnerungen, wir lachten verlegen, deuteten nikkend auf Mund oder Augen, jede schien irgend etwas anderes zu sehen. Die russische Mutter betrachtete uns so stolz, als hätte sie uns erfunden, und schlug dann vor, gemeinsam zu Rachels anderer Schwester Ludmilla zu fahren, die in Friedrichshain wohnte und mit Essen auf uns wartete.

Ludmillas Wohnung war klein und vollgestopft mit Zimmerpflanzen, goldbestickten Kißchen und Deckchen über allen Sitzgelegenheiten, runden, ovalen und eckigen glitzernden Fotorähmchen und einem kleinen Couchtisch, der die Last der Platten kaum tragen konnte. Alle bekamen einen Teller mit Pelmenie und Warjeniki, Teigbällchen mit Kohl, Fleisch, Ei, Quark oder Kirschen gefüllt. Dazu gab es Krimsekt, Kaffee und die Fremdheit.

Rachel holte ein zerknittertes Foto aus ihrer Handtasche, das einen unverschämt gut aussehenden jungen Mann zeigte, der mit lässig in den Hosentaschen vergrabenen Händen und vorgeschobenen Hüften vor einem kostbaren alten Wandbehang steht und mit leichtem Selbstgefallen und unverhohlen siegessicherem Grinsen in die Kamera schaut. Er sieht verblüffend modern aus, wie ein Musiker von Lounge Lizzard oder den Talking Heads. Auf dem weißen Hemd, dessen Ärmel bis zu den Ellbogen aufgekrempelt sind, prangt ein kleiner roter, fünfzackiger Stern – unser Vater, wie ich ihn nie gesehen hatte. Ich erinnerte mich nur an einen älteren Mann, der morgens alleine an der Haltestelle stand und sich in der Bahn nie hinsetzte, sondern immer mit der Tasche in der Hand und dem Hut auf dem Kopf an der Tür stehenblieb. Ludmilla ging noch mal Kaffee kochen.

«Rachel war erst zwei Jahre alt, als er verhaftet wurde», sagte die Russin, «eigentlich kennt sie ihn gar nicht.»

«Ich kenne meinen Vater auch nicht», rief Ludmilla aus der Kochnische. Ich schaute die Russin fragend an. «Das hat doch jetzt hiermit nichts zu tun», rief die zurück. «Aber du könntest auch mal erzählen, wie schwer ich es hatte.» Ludmilla war eifersüchtig auf die ungeklärten Gefühle dieser drei Frauen, von denen eine zwar dieselbe Mutter wie sie hatte, aber mit den anderen einen Vater teilte. Im Gegensatz zu Rachel konnte sie mehr als «Guten Tag» auf deutsch sagen, und sie wollte unbedingt auch ihre Geschichte erzählen. Aber Barbara und ich hatten noch nichts über den unbekannten jungen Mann erfahren, der aussah wie einer, in den man sich sofort verlieben möchte, auch wenn man sicher ist, daß er einen unglücklich machen wird.

«Ich wollte mich auf dem Klo erhängen, als ich das mit Ada (der ersten Frau!) erfahren habe. Alles hinter den Vorhängen, so eine Schweinerei, aber der Großvater hat mich wieder herausgeholt.» Die Russin hat so einen stolzen Mund, stolz und schnippisch. «Der Großvater war der beste von allen», sagte sie, «ein richtiger Gentleman. Er war Freimaurer und korrespondierte mit einer Loge in Tel Aviv. Aber die Großmutter war schrecklich. Sie wollte alle drei Söhne für sich behalten. Teddy war der Jüngste und ihr Liebling. Nachdem er gehört hatte, daß ich mich hatte erhängen wollen, kniete er vor mir nieder und bat mich um Verzeihung – mitten im Park. Aber ich habe gesagt: Niemals werde ich das verzeihen – niemals!» – Ihre Stimme ist noch heller geworden, der Mund noch stolzer, und die Augen blitzen wie die einer Achtzehnjährigen. Ich hätte mich auch in sie verliebt. «Aber dann nahm er eine Pistole und schoß knapp an meinem Ohr vorbei!» Barbara verschluckte sich prustend am Kaffee, Ludmilla übersetzte alles für Rachel, die außer dem Foto nichts von ihrem Vater zu wissen und zu kennen schien.

«Du meinst, er hatte eine Pistole?» lachte ich ungläubig.

«Natürlich hatte er eine Pistole. Er hatte sie immer bei sich, ich weiß nicht wofür, ich weiß auch nicht, zu welchen Versammlungen er immer ging, das hat er mir nie gesagt. Er ging weg und kam spät in der Nacht wieder...»

Mir fiel plötzlich das komische Komsomolzenlied von den Tornados ein, in dem Günther einen Kommunisten spielt, der seine Frau, von Arnulf im Kittelkleid dargestellt, für die politische Arbeit agitieren will: «Kommste mit, geliebte Frieda, Teddy hält 'n Referat – laß den Schrubber, laß den Besen, bist doch sonst 'ne Frau der Tat...»

«War er denn gewalttätig?» fragte ich die zweite Frau meines Vaters über einen Mann, der ein anderer gewesen sein muß, als er noch nicht mit der vierten Frau verheiratet war. «Er war sehr schön», lächelte sie versonnen, «sehr schön, sehr witzig, sehr charmant», hebt sie die Stimme, «und seeehr gewalttätig.» Das schien ihr am besten gefallen zu haben, jetzt strahlte sie richtig. Fassungslos lauschte Rachel Ludmillas Übersetzung, ihre Augen füllten sich mit Tränen. «War das in der Zeit, als du donnerstags immer zu Sophie Liebknecht gelaufen bist?» wollte sich Ludmilla endlich wieder mal ins Gespräch bringen. «Nein, die Donnerstagstreffen waren später», schüttelte die Russin den Löwinnenkopf, «die gab es erst in den fünfziger Jahren.» Und ich hätte hysterisch loslachen mögen, so absurd kam mir alles vor: die kleine Wohnung mit den erstickenden Zimmerpflanzen, den Deckchen und den Rähmchen, die muffigen Teigknödel, der tote Mann, Namen aus dem Geschichtsbuch und dieses ganze deutsch-russische Drama.

«Warum habt ihr euch denn nie wiedergesehen?» fragte Barbara und dachte dabei wohl an die wortkargen Auskünfte unseres Vaters, wenn wir nach seinen anderen Kindern fragten, die er nach seiner Verhaftung in Moskau nie mehr gesehen hatte. Die erste Frau sei wohl geflohen, und die zweite habe sich nicht mehr gemeldet, vielleicht um sich und das Kind zu schützen – er hatte immer behauptet, es nicht zu wissen. Schon als Kind hatte mich diese Unkenntnis mißtrauisch gemacht, hatte er doch sonst auf alles eine Antwort gewußt – selbst daß Wehner gut und Adenauer böse war, und die waren ihm schließlich nicht einmal persönlich bekannt gewesen. «Wie hätte ich ihn wiedersehen können?» klagte die Russin vorwurfsvoll – «Er war ins schlimmste unterirdische Gefängnis von Moskau gebracht worden – jede Woche bin ich zur GPU gegangen, und jede Woche haben sie mich abgewiesen, bis sie mir eines Tages die Mitteilung schickten, er sei an Typhus gestorben.»

«Der Großvater war im gleichen Gefängnis», wußte Barbara, «aber sie haben sich dort zwei Jahre lang nicht gesehen. Erst im Zug nach Warschau haben sie sich wiedergetroffen, als nach dem Hitler-Stalin-Pakt einige Deutsche gegen Russen ausgetauscht wurden. Für die Juden aber endete die Reise im KZ oder im Ghetto.»

«Jede Woche», liefen jetzt auch der Russin die Tränen die Wangen hinunter, «stand ich mit Rachel auf dem Arm dort und habe Unterwäsche gebracht – was sollte ich denn machen?» Ludmilla übersetzte atemlos, ohne Punkt und Komma, die Töchterschwestern starrten mit gesenkten Häuptern auf den wild gemusterten Wollteppich – was sollten WIR denn jetzt machen? Rachel sagte etwas auf russisch, Barbara fragte mich, warum Rachel den Eindruck machte, als höre sie das alles zum ersten Mal. Woher sollte ich das wissen?

«Ich habe Rachel erst von euch und eurem Vater erzählt, als sie hier ankam», erklärte die Russin, sich die Tränen aus dem Gesicht wischend. «Was hätte ich ihr vorher erzählen sollen? Es wäre viel zu gefährlich für sie gewesen – sie sollte nicht wissen, daß sie einen jüdischen Vater hatte, daß er Deutscher war, war schon schlimm genug. Er ist gestorben, als sie zwei Jahre alt war, basta. Aber jetzt ist ja alles anders.»

«Ja, jetzt ist alles anders», mischte sich Ludmilla wieder ein, «und vielleicht kannst du jetzt auch über meinen Vater reden!» Offenbar war der derzeitige Mann der Russin also nicht Ludmillas Vater, gut, dann wollten wir jetzt auch ihre Geschichte erfahren. Aber die zweite Frau war erschöpft. Für ihre achtzig Jahre hatte sie sich tapfer gehalten. Mit solchen Frauen sind Revolutionen zu machen.

«Er war Bulgare oder Rumäne», sagte sie langsam, «und wir waren zwei Wochen lang zusammen bei einem Bombenangriff in einer Höhle verschüttet.» Mehr wollte sie nicht erzählen, und ich mußte an diesen traurigen russischen Film denken, in dem eine Frau bei einem Bombenangriff mit einem Mann schläft, den sie nicht liebt, einfach nur, weil die Angst und die Anspannung so groß sind und weil das Leben mit großer Kraft die Durchsetzung seines einzigen Interesses verfolgt. Und ich fragte mich, ob das alles miteinander zu tun hatte – daß das Leben leben will und wir vier Frauen hier sitzen und nicht wissen, was das bedeutet und wie es jetzt weitergehen soll.

Aber manchmal gibt es für die unwahrscheinlichsten Begebenheiten die einfachsten Erklärungen. Nachdem all die Splitter von lauter unbeendeten Geschichten durch den überfüllten kleinen Raum geflogen waren und Ludmilla endgültig mißmutig geworden war, weil sich niemand so richtig für ihre Tragödie interessierte, da rückte sie endlich heraus mit dem eigentlichen Anliegen, das diesem Treffen zugrunde lag: Rachel wollte weg aus Moskau und nach Berlin übersiedeln. Um die schwierige Aus- und Einwanderungsprozedur über die jüdische Gemeinde erleichtern zu können, brauchte sie einige Papiere unseres gemeinsamen Vaters. Die lagen seit Jahren, zusammen mit seinen Briefen und Karten aus dem Ghetto, in einer Schublade meines Schreibtisches. Am nächsten Tag schickte ich Kopien zum Strausberger Platz. Ein paar Monate später bekam ich einen Brief aus Moskau, in dem sich Rachel in deutscher Sprache bedankte. Ein Kettenanhänger mit meinem Sternzeichen lag dabei. Ob sie inzwischen in Berlin lebt, weiß ich nicht.

Manchmal schaue ich mir zwei Fotos aus einem DDR-Buch an. Das eine heißt «Wanderung in der Umgebung Moskaus», das Bild einer entschlossen fröhlichen Wandergruppe unter weitem Wolkenhimmel, angeführt von der blonden Russin im weißen, ärmellosen Turnhemdchen, aus dem ihre kräftigen, braungebrannten Arme herausragen. «Abschied von der Sowjetunion» steht unter dem anderen, auf dem ein von Weintrauben und Flaschen überquellender Tisch im Vordergrund zu sehen ist. Am Kopfende sitzt eine kleine, keß dreinschauende Oma mit weißem Spitzenkrägelchen um den kurzen Hals: Sophie Liebknecht. Rechts von ihr die unglaublich schöne Russin mit dem stolzen Mund und den blonden Locken. Spöttisch blickt sie zur Seite.

Glück im Hanf

Das war die Woche der Verheißungen. Kleine Knospen an Bäumen und Sträuchern, die so lange in brauner Starre verharrt hatten, kündigten nach bleierner Berliner Herbst-Winter-Mischung endlich den Frühling an; Helge Schneider hatte es mit dem nachdenklich machenden Song über ein Katzenklo bis in die deutsche Hitparade geschafft, und Lucy Lectric quietschte ihr verblüffend selbstverständliches Emanzipationsliedchen «Komm doch mal rüber, Mann und setz dich zu mir hin, mir geht's so gut, weil ich 'n Mädchen bin» auf allen Jugendsendern. Seltsame Entwicklungen machten sich um mich herum bemerkbar, ohne daß ich sie beruhigend einordnen konnte. Es roch nach Veränderung und Aufbruch, und ich war wieder diejenige, die noch nicht mal einen anständigen Koffer hatte.

Das Hungergefühl hinter den Augen war längst der ergebenen Einsicht gewichen, daß alles schon so kommen würde, wie es sollte. Auf Partys braucht man sich schließlich auch nur in die Ecke zu setzen, und dann kommen alle irgendwann vorbei.

Aber hier deuteten die Zeichen auf Größeres: Udo traf mit einem Vertreterköfferchen voller Stoffstückchen aus Ungarn und China ein und beteiligte sich an einem Wettbewerb zur Rettung der thüringischen Textilindustrie; Mathias war plötzlich Besitzer eines weltweit operierenden Kleinunternehmens mit Namen Hanfhaus geworden, und ein echter Richter trat auf, der nach dem Mauerfall mit ein paar Bauern aus dem Berliner Umland und Agrarwissenschaftlern der Humboldt-Universität einen Verein namens «Gaia» (Gesellschaft für Ausbildung, innovativen Landbau und Arbeit e. V.) ins Leben gerufen hatte. Alle sprachen nur noch von der «Energiepflanze» und den Möglichkeiten, die sie zur Entwicklung der heimischen Landwirtschaft und Industrie biete. Ihre Augen leuchteten, wenn sie von Faserqualitäten und Papiergewinnung, von Fruchtfolgen und Erntezeiten sprachen.

Daß Udo darauf abfuhr, wunderte mich nicht. Udo war immer von allem elektrisiert, was irgendwie abwegig erschien. Weder amüsiertes Kopfschütteln noch genervtes Abwinken, das er für seine Ideen erntete, konnten ihn irritieren. Er hatte es schon mit den aufregendsten Geschichten probiert: von irgendwelchen Geheimkammern in ägyptischen Pyramiden, die abwechselnd von CIA oder KGB bewacht wurden, von UFOs, die in unregelmäßigen Abständen über der Schweiz kreisten, und Außerirdischen, die armen Menschen kleine Sender ins Gehirn spritzten, oder von der Bock-Saga in Finnland, aus der ich nur das unappetitliche Detail behalten hatte, daß Männer ihr eigenes Sperma schlucken sollten – nichts hatte bisher so geklungen, als hätte es mit meinem Charlottenburger Alltag irgendwas zu tun. Aber daß mein ehemaliger taz-Kollege Mathias die Sache auch so ernst nahm, das war doch erstaunlich.

Dabei war er es gewesen, der alles ins Rollen gebracht hatte, als er das amerikanische Buch von Jack Herer über die Geschichte der Hanfpflanze in Deutschland herausgab. Als Genußmittel war uns Hanf natürlich immer schon sympathisch gewesen, aber damit erschöpfte sich auch unser Interesse an Biologie und Natur, abgesehen davon, daß der Genuß natürlich noch größer wurde, wenn man das entsprechende Environment von großen Bergen, blauen Meeren, raschelnden Palmen oder brennendheißem Wüstensand um sich herum versammeln konnte. Aber um all diese mittlerweile vielleicht auch etwas abgestandenen lieblichen Bilder sollte es plötzlich gar nicht mehr gehen. Sondern hier war die Rede von der Entwicklung einer ökologischen Industrie, mitten in der Stadt, die ungeahnte Möglichkeiten für alle versprach, die in den letzten Jahren nach neuen Visionen und Perspektiven gesucht hatten.

«Ich hätte mir eigentlich eher vorstellen können, Börsenzocker als Hanfhändler zu werden», kichert Mathias vor der Eröffnung des Hanfhauses inmitten seines persönlichen Wunders aus Stoffballen, Baseballkappen, Hanfkordeln und Kartons voller Briefpapier, garantiert holzfrei, dafür zu 30 Prozent aus Cannabis und zu 70 Prozent aus Stroh.

«Cool Running Tours» steht über den Schaufenstern des Ladenlokals in Schöneberg, das sich Mathias mit einem Reisebüro teilt, in dem die Säcke von Jamaica Brand an den Wänden versprechen: «Knocks you off your ass».

Täglich bringt der Postbote Dutzende von Briefen und Karten, Bestellungen oder Anfragen nach mehr Information. «Sie haben mein Leben verändert», schreibt einer, «ich hatte schon alle Hoffnung in die Welt verloren, aber Sie haben mir neue Zukunftsperspektiven geschenkt.»

So ähnlich muß es Udo gegangen sein, als er das Hanfbuch gelesen hatte. Sofort ließ er sich Stoffproben aus Ungarn und China kommen, beauftragte eine Designerin, ein hübsches Kostümchen zu entwerfen, und schickte das genähte Muster nach Bad Sulza in Thüringen, wo man sich auch schon Gedanken über die notwendige Beschleunigung des Aufschwungs Ost gemacht und deshalb einen Designer-Wettbewerb ausgerufen hatte. «Vielleicht war es zu zerknautscht angekommen», zuckte der angehende Textilkaufmann die Schultern, als ihn die Absage aus Bad Sulza erreichte. Wahrscheinlicher ist jedoch, daß die Thüringer bei dem Wort «Hanf» sofort Staatsfeindliches witterten und Kostüm nebst Udos Begleitschreiben fallen ließen. Ohnehin hatte man sich in Bad Sulza bereits von dem Frankfurter Schriftsteller und Delphinapostel Micky Remann begeistern lassen, der dem Ort einen Tourismusboom durch eine Unterwasser-Disco im Krankenhaus prophezeite, und eine bizarre Idee reichte vielleicht erst mal.

Das Hanfhaus in Schöneberg ist inzwischen zur regen Kommunikationszentrale für alle geworden, die von der Wunderpflanze überzeugt sind. Designernde Schneiderinnen stellen ihre Entwürfe für Hanftaschenmodelle jeglicher Form und Größe vor, und mit fachmännischem Blick beugt sich Mathias über Seitennähte – «Man muß besonders auf die Nähte achten, da wird gern geschlampt, vor allem die Ungarn, die rasen mit der heißen Nadel» –, begutachtet Nähte und Böden, Reiß- und Schnappverschlüsse, als hätte er sein Leben lang nichts anderes gemacht. Ratlose Landwirte erbitten Hilfe bei der Formulierung von Anträgen für den noch verbotenen Hanfanbau; Freaks fragen vergeblich nach Blüten und Blattspitzen, so wie früher die Wohngemeinschaften billigen Wurst- oder Käseanschnitt an Supermarkttheken verlangten, und ein Automobilhersteller erkundigt sich interessiert nach dem «Katalyse-Gutachten» über die Umweltverträglichkeit des Leinens, welches möglicherweise in Zukunft für die Autositze der Super-Sowieso-Klasse in Frage käme...

Mathias ist so entspannt und fröhlich, wie ich ihn in den gemeinsamen Redaktionsjahren selten erlebt habe. «Im Grunde hat das Ganze Ähnlichkeit mit den aufregenden Anfangszeiten der taz», sagt er, «man macht was, an das man glaubt, und jeder vernünftige Mensch hält es erst mal für Unsinn. Weißt du, mit dem Schreiben, das ist ja alles ganz nett, aber eigentlich bewegt man nichts. Für so 'n Schreibtischintellektuellen wie mich ist das hier so richtig pulsierende Realität.»

Und dann spricht aber doch erst einmal wieder der Intellektuelle, der alles über die Pflanze gelesen hat. Wie der Hanf der Auslöser für den Krieg zwischen Rußland und Frankreich wurde – damals, als Rußland noch der größte Hanfexporteur war und der Zar die englische Seemacht belieferte, obwohl er Napoleon versprochen hatte, dies zu unterlassen, weil der gegen die Engländer war. «Aber heimlich haben sie's doch gemacht, obwohl Rußland ein Bündnis mit Frankreich hatte, ja und dann kam eben das ganze Tolstoi-Drama mit Krieg und Frieden, kennt man ja.»

Er erzählt und erzählt und hört nicht mehr auf, bis mir ganz schwindelig geworden ist, wie immer, wenn man erregten Menschen zuhört, die gerade «ihr Ding» gefunden haben. Und dieses «Ding» scheint nicht nur den bewährten emotionalen Spaß der siebziger Jahre zu versprechen, sondern auch noch von großem Wert für die Zukunft der Menschheit zu sein, von der Rettung des blauen Planeten ganz zu schweigen. In meinem Kopf jagen sich die Satzfetzen über Unmengen von Pestiziden, die zur Baumwollgewinnung nötig sind, und die ökologische Verträglichkeit von Hanf – «der reinigt den Boden, braucht keine Monokultur und ist sogar in warmen Regionen dreimal im Jahr zu ernten» –, über Henry

Fords Erfindung des Hanf-Diesels, über Randolph Hearsts Verschwörung gegen die Hanfpapierindustrie und wie er in seinen Medien die Antihanfkampagne startete, und und und...

Mathias' Familie kann das alles mittlerweile nicht mehr hören, vielleicht mußte er deshalb den Hanfladen außerhalb der eigenen Wohnung aufmachen. «Boris, mein zwölfjähriger Sohn, ist der Pessimist bei uns. Ihr mit euerm Hanf, sagt der immer verächtlich, ihr geht doch sowieso bald pleite! Als neulich meine Mutter zu Besuch war und sich über unser schönes Geschirr wunderte, sagte Boris hämisch: Jaja, alles aus Hanf. Hier ist jetzt alles nur noch aus Hanf. So ist der drauf. Erst als ‹Die Fantastischen Vier› alle möglichen Klamotten bei uns bestellten, war er bereit zuzugeben: Scheint ja doch was dran zu sein, an euerm Hanf.»

Für das Vorwort der deutschen Ausgabe des Hanfbuches wollte Mathias die heimische Geschichte der Nutzpflanze recherchieren. «Da stehe ich so in der Staatsbibliothek rum und warte – man muß ja immer warten, wenn man was aus dem Katalog haben will, und da seh ich so 'ne Kiste mit der Aufschrift: Restbestände Altkatalog – und was finde ich? ‹Die lustige Hanffibel› von 1943.»

Diese unfreiwillig komische Propagandaschrift sollte den deutschen Bauern mit Hilfe von putzigen Bildchen und verständlichen Reimen zum Hanfanbau anhalten: «*Das deutsche Volk ist in der Welt / vornehmlich auf sich selbst gestellt. / Zu oft getäuscht ward sein Vertrauen, / auf fremde Hilfe nur zu bauen..*», ließ der Reichshauptabteilungsleiter des Reichsnährstandes dichten, und deshalb müsse in diesen schwierigen Zeiten der deutsche Landmann frisch ans Werk und Marihuana säen: «*Die Pflanze Hanf, groß und gewaltig, / ist in der Leistung vielgestaltig. / Sie wächst ja höher als ein Mann / recht schnell und üppig auch heran. / Aus ihrem Leib, dem unversehrten, / sind alle Teile zu verwerten: / Der Faserstrang, der Same glatt, / der Holzteil und das schmale Blatt. / Ein jedes Stück ist angetan, zu dienen dem Vierjahresplan.*» Und am Ende der Anleitungsverse über Bodenbeschaffenheit, Düngung und Pflege, damit die Ernte reich werde, winkt auch noch der ideelle Lohn:

«Wer Hanf heut baut mit fleißger Hand, / hilft selbst sich und dem Vaterland.»

«Das ist ja immer so, wenn Krieg herrscht und das Land vom normalen Handel abgeschnitten ist, in Notzeiten also, da besinnt man sich wieder auf den guten alten Hanf», sagt Mathias befriedigt und nimmt einen Zug aus der Purpfeife.

Die Funktionäre von Greenpeace in Hamburg fanden die Not entweder nicht groß genug, oder es störte sie, daß sie nicht selbst auf die Idee gekommen waren. Als Mathias mit seinem «garantiert holzfrei» Briefpapier und ein paar Stoffläppchen in der Aktentasche auftauchte, um ihnen das Hanfhaus-Projekt vorzustellen und eine Zusammenarbeit anzubieten, winkten sie ungnädig ab. Sie hatten sich nämlich gerade zu einer Kampagne für die Papiergewinnung aus Bruchholz entschlossen. «Kannste nicht wenigstens die Parole holzfrei weglassen?» bat ihn Benny Härlin, «das schadet doch nur unserer Kampagne.» Aber das sah der Hänfling gar nicht ein. «Selbst wenn man auch noch den kleinsten Ast aus dem Wald aufliest, um daraus Papier zu machen, würde das doch niemals den Bedarf decken. Die USA haben in den letzten achtzig Jahren fast siebzig Prozent ihres Waldes für die Papierproduktion flachgelegt – wo soll das denn noch hinführen? Jaaa, sagen dann die Greenpeacler, wir müssen eben beim Verbrauch sparen. Sparen ist ja schön und gut, aber man braucht trotzdem Papier, oder meinen die, irgendeine Zeitung wird freiwillig die Auflage senken, weil sie damit die Umwelt retten könnten?»

Als die Greenpeacler bald danach einen Artikel gegen den Hanf veröffentlichten («Der Stoff aus dem die Träume sind»), in dem eine sogenannte «Papierexpertin» behauptete, die Papierherstellung aus Holz sei wesentlich billiger, und darüber hinaus die Falschmeldung verbreitete, Hanf müsse monokulturell angebaut werden und käme deshalb für Ökologiebewußte nicht in Frage, da war der Verein für Mathias erledigt. «Forget Greenpeace! Die amerikanischen Greenpeacler, hat mir Jack Herer erzählt, fanden anfangs alles unheimlich interessant, bis irgend so eine Schnepfe aus Beverly Hills, die jedes Jahr Tausende von Dollars spendet, völlig ausgeflippt sei – Was? Marihuana?????!!!!! Und bums, war die Sache für Greenpeace gestorben. So sind sie, die Vereine – denen geht es nicht um die Umwelt oder das Überleben der Erde, denen geht es nur um ihre Kampagnen und ihr Image. Und das soll die Avantgarde des Umweltschutzes sein! Das Verrückteste ist, daß die Greenpeace-Zeitung, in der dieser Schmäh-Artikel über den Hanf erschienen ist, von zwei Oberkiffern redigiert wird! Man faßt das alles nicht. Aber letztendlich werden die sich mit ihrer Borniertheit nur ins eigene Fleisch schneiden, denn wir, vom Stamme der Hanfanbauer und Weiterverarbeiter, werden immer mehr.»

Laut Udo, der es wiederum aus dem Maya-Kalender weiß, hat die kosmische Verteilung der Menschheit auf bestimmte Stämme längst stattgefunden. Seit 1987 kursierten in den Zirkeln der Eingeweihten geheimnisvolle Kassiber, die zu Stammesgründungen aufriefen und befahlen, daß sich jeder bis zum Sommer 1992 an seinem Platz zu befinden habe, ansonsten sähe es ziemlich schlecht für ihn aus.

Ich hatte davon natürlich wieder mal nichts mitgekriegt. «Macht nichts, man wird sowieso verteilt», beruhigte mich Udo, «ob man es nun weiß oder nicht, denn letztendlich werden nur Stämme überleben.»

Udo hat beschlossen, sich dem Stamm der milden Thüringer in Bad Sulza anzuschließen, die an den Ufern der Ilm lagern, friedliche Landbewohner, denen ein gutes Hirschsteak mit Kroketten noch etwas bedeutet und die das dunkle Apoldaer Starkbier literweise zu schätzen wissen. Udo folgt damit eben jenem Micki, der seit Monaten im Bettenhaus eines DDR-Sanatoriums logiert, das in der neuen Zeit zur ganzheitlichen Heilstättenklinik gewendet wurde. Von dort aus wird die Logistik seiner Kampagne geplant, die – vom Kulturreferenten bis zum Landrat – jedermann von der ganzheitlichen Therapie durch stummes Liegen im warmen Wasser überzeugen möchte. Daß dies tatsächlich bei einigen zu gelingen scheint, verdanken sie wohl eher Mickis Überzeugungskünsten als der Therapie: im Dunklen liegt man in einem kleinen Pool mit pipiwarmem Wasser und hört ödes New-Age-Gedudel. Zum Schwimmen ist das Becken zu klein, also hängt man sich mit den Füßen an den Beckenrand, hält die Ohren unter Wasser und bildet sich ein, daß dies ein ganz besonders bewußtseinserweiterndes Hörerlebnis sei. Da sich die Assoziationen zum Embryonalzustand geradezu aufdrängen, verwundert es nicht, daß als nächstes Unterwassergeburten auf dem Programm der Ganzheitsklinik mit dem dreifarbigen Emblem (für Körper, Seele, Geist, selbstverständlich!) stehen sollen. Schon jetzt tummeln sich an diesem Ort allerlei fortschrittswütige Menschheitsbeglücker, vom Tantra-Kommunen-Geschäftsführer über multimediale Geschäftsleute bis zu Managementberaterinnen pladdern sie ergriffen im Dunkeln, und hier und da soll es sogar interdisziplinären Austausch von Körper, Seele und Geist gegeben haben. Bürgermeister, Kulturreferent und Landrat machen mit. Zumindest bringt es frischen Wind in die vergessene Kleinstadt, die doch immerhin in der Mitte des Kulturdreiecks Jena, Naumburg und Weimar liegt und auch vom Kuchen abhaben will, den die Kulturhauptstadt Weimar im Jahre 2000 verteilen wird.

Daß Udo sich nun unbedingt diese Gegend zum neuen Sippenleben ausgesucht hat, kann entweder daran liegen, daß er dem Ruf der Zuteilung folgte, oder aber, daß ihn der örtliche Kunstverein «Apolda Avantgarde» mit einem Chefredakteursposten der noch zu entstehenden Zeitschrift «Auer World» zu locken wußte, die nach dem Motto «Global denken, lokal handeln» Lokalteil wie global Vermischtes bieten will. Apolda gehört zu Auerstedt, wo ja, wie selbst die Japaner wissen, Napoleon gegen die Preußen kämpfte. Und dort, wo sich die preußischen Generäle über den Verlauf der Schlacht den Kopf zerbrachen, in diesem Haus wird «Apolda Avantgarde» ein Künstlerzentrum einrichten – wenn alles gutgeht, das heißt, wenn sich der Stamm um Micky und Udo noch ein wenig vergrößert.

«Der Mensch ist ein Hordenwesen. Ufologen, Kulturschaffende, Delphingläubige, Umweltschützer oder Politiker sind einfach nur Mitglieder verschiedener Stämme», sagt der Richter, als ich ihm in seiner sauberen, aufgeräumten Wohnung in Charlottenburg von dem langweiligen Baden mit Musikbeschallung aus Unterwasserlautsprechern erzähle, «die sich unter dem Mantel einer gleichen Kultur entwickelt haben. Aber wir haben ein Problem heutzutage: durch die Entwurzelung im industriellen System entwickeln sich die Stämme sehr schnell, aber sie fallen auch ebenso schnell wieder auseinander. Das Ziel oder die Lebensumstände sind völlig egal, eine kulturelle Vision muß da sein, dann ist es ein funktionierender, lebensfähiger Stamm.»

Der Richter ist von einem anderen, mir unbekannten Stamm. Vielleicht aus der Sippe der kleinen Boote? Er sieht sich selbst als kleines Boot. Als eines der kleinen Boote, die von dem großen Tanker Gesellschaft ausschwärmen und erkunden, wohin der Weg führt. Wenn ein Tanker die Richtung ändern will, muß er fünfzehn Seemeilen voraus die Wende einleiten, und so, sagt der Richter, sei das auch mit den Bildern in den Köpfen der Leute. Man muß sie langsam verändern.

Der Richter hat eine gute Meinung von der Zukunft. Vielleicht, weil er aus einer alten Bauernfamilie kommt, und Bauern, sagt er, haben eher eine Beziehung zur Zukunft als Kleinbürger, weil sie mehr über die Vergangenheit wissen. Deshalb sei es auch gar nicht verwunderlich, daß gerade sie ein offenes Ohr für Zukunftsentwicklung hätten, so absurd sie auch klingen mag. «Wenn einer seit 600 Jahren auf dem gleichen Hof sitzt, dann denkt er eher in Langzeitkategorien als ein entwurzelter Kleinbürger in der Stadt.»

Und wieder erzählt mir einer seinen Plan, der wie ein Glücksversprechen klingt. Diesmal für den Landwirtschaftsstandort Brandenburg, der eigentlich nur unter den Bedingungen einer volkswirtschaftlichen Mangelsituation ein Landwirtschaftsstandort ist, weil der Boden so wenig Bodenpunkte hat. Schlappe dreißig Punkte weist die märkische Streusandbüchse auf, hundert gelten als gut. «Aber hier herrscht schon seit hundert Jahren volkswirtschaftliche Mangelsituation», doziert der Richter, «und deshalb gab es hier auch immer Landwirtschaft. Dabei wäre es viel günstiger, Weizen in den europäischen Kornkammern anzubauen, zum Beispiel in der Ukraine, und nicht auf den Böden unserer subventionierten Landwirtschaft. Wir müssen die osteuropäische Agrarwirtschaft unterstützen, wenn es noch irgendwohin gehen soll. Hier, bei uns, können wir jetzt die Riesenflächen der ehemaligen LPGs für extensiven Anbau nutzen, der auf Chemie weitgehend verzichten kann. Auch deshalb ist der Hanf das neue Credo der Umweltbewußten.»

Von einer romantischen Ökologiebewegung, die an nichts als die Scholle glaubt, hat er sich längst verabschiedet. Er hat seinen Frieden gemacht mit der Vorstellung, daß holländische Tomaten durch genetische Eingriffe bald wieder richtig nach Tomaten schmecken und daß Gemüse nicht unbedingt auf Erdboden gewachsen sein muß, um uns zu ernähren. «Bald wird man das gar nicht mehr unterscheiden können, wo etwas gewachsen ist: auf Kreuzberger Asphalt oder märkischem Boden...» Eine Bewegung, die sich programmatisch dem Kampf gegen die Technik verschreibt, führt für ihn geradewegs in die Diktatur.

Was bei Mathias «Notzeiten» heißt, sind für ihn «Zeiten des Umbruchs, in denen vergessene Stränge wieder entdeckt werden». Mit dem «solaren Drittel-Mix» aus Sonne, der Energiepflanze – in diesem Falle Hanf –, Wasser und Wind werden in seiner Zukunft alle Kernkraftwerke ersetzt werden. «Und das ist dann ein völlig neues Betätigungsfeld für unsere Landwirtschaft», begeistert er sich. «Unseren Weizen und unsere Tomaten braucht keiner, aber die Energiepflanze, die wird gebraucht!»

Ich vermute, daß der Richter an seinem Arbeitsplatz am Kammergericht bei weitem nicht das Feuer entwickelt, das ihn bei der Umgestaltung brandenburgischer Dörfer antreibt. Mit Recht kann er stolz auf «Gaia e.V.» sein, einen Verein, der mit seinen Konzepten für eine Landwirtschaft der Zukunft inzwischen ein ABM-Betrieb von 320 Mitarbeitern geworden ist.

Berlin ist weltweit eine der grünsten Städte mit den größten Freiflächen, aber diese Flächen müssen gepflegt werden, genauso wie der seit dem Mauerfall brachliegende Streifen des ehemaligen Niemandslandes. Statt künstlich aufrechterhaltener Landwirtschaft sollten die Berliner Bauern jetzt Landschaftspfleger werden. «Denn das, was der Städter so gern als Natur bewandert, ist doch nur durch menschlichen Eingriff so ‹natürlich› geworden.»

Aufgrund solcher Erkenntnisse hat sich das brandenburgische Landwirtschaftsministerium entschlossen, eine begrenzte Population von Wölfen in den Wäldern des Landes zuzulassen. Nicht etwa, weil man den Wolf so sehr liebt, aber bei guter Verteilung auf dünn besiedelten Gebieten zieht der Wolf eine Menge anderer Tiere nach, die hier schon längst ausgestorben sind.

«Und man glaubt gar nicht, wie schnell sich die Tiere an die Nachbarschaft einer Großstadt gewöhnen», versichert der Richter.

Da muß ich ihm natürlich ganz schnell von dem Fischreiher und den Bussarden im Schloßpark erzählen, was ihn wiederum zu einem Vortrag über den fehlenden Unterschied zwischen Mensch und Tier anheben läßt.

Warum nur will mir das Glück des reinlichen und zivilisierten Richters nicht so einleuchten, wie ich an das des schmuddeligen Techno-Alex glaubte, obwohl des Richters Augen auch braun sind, seine Stimme leise und die Ausstrahlung gelassen. Udo meint, es läge daran, daß er Richter und Reval-Raucher sei. «Und wenn einer so sanft tut und so harte Zigaretten dagegen raucht, dann will er keine Gefühle zeigen, ganz einfach.»

Er ist wirklich wie ein kleines, high-tech ausgestattetes Erkundungsboot in Richtung Zukunft. Und gleichzeitig so unbeweglich wie der Muttertanker. Alles klingt so praktisch, klug und souverän. Aber was ist sein Anliegen – außer der Erkenntnis, daß es so nicht weitergehen kann? Er redet nicht von der Freude, die er angesichts eines Waldes oder einer Wiese empfindet, er redet von Mückenschwärmen über Feuchtbiotopen und Lerchen, die nur über Freiflächen aufsteigen können oder wollen, und vom Umweltschutz, den man nicht den Politikern überlassen dürfe. «Der Mensch ist ein Wesen, das...», so beginnen viele seiner Sätze, und seine Visionen klingen so sauber und appetitlich wie Tiefkühlkost.

Zweifelsohne ist der Richter auch ein Trickster, wie die Indianer ihre großen Medizinmänner nennen. Trickster können die Form eines anderen Menschen oder eines Tieres annehmen, wann immer sie es zum eigenen Vergnügen oder aus strategischen Gründen für notwendig halten. Juristen können das, rein metaphorisch gesprochen, hier und da ebenfalls, aber die alten Zauberer übten diese Kunst weniger aus, um ihre Karriere zu fördern, vielmehr waren sie vom reinen Spieltrieb besessen, ihre Umgebung zu verwirren und zu verführen; Verführung, die mit grausamer Zärtlichkeit auf der Klaviatur aller Gefühle spielen kann – wie ein guter Techno-DJ eben. Der Richter aber bringt vor allem das Gehirn in Bewegung. «Aha», rotiert es sofort los, «sehr interessant...» Aber irgendwann merkt man, daß man sich unwohl fühlt, daß der Körper Mangelerscheinungen anmeldet, die nicht mit Essen, Trinken, Rauchen, Reden zu erlösen sind. Das Herz will die Nähe, oder, wie es der Richter sagen würde, «der Mensch kann sich nicht damit abfinden, eine zufällige Lebensform auf der Erde zu sein.» Nein, warum auch?

Gestern hat Udo aus Thüringen angerufen und fast den Abschied von morgen eingeleitet. Seine Stimme klang ganz leise, und das konnte nicht nur an der schlechten Telefonverbindung liegen. Aus der Traum vom friedlichen Leben an den Gestaden der Ilm! Udo ist einer neuen Verschwörung auf die Spur gekommen. Nur ein paar Kilometer von der neuen Landwohnung entfernt liegt das von Uran, Arsen, Radium und allerlei Schwermetallen verseuchte Gebiet um die Wismut AG, ehemals Europas größter Uranproduzent unter sowjetischer Führung, ein kleines Los Alamos des Ostens. Über 40 Jahre lang wurden hier 220000 Tonnen Uran gefördert, zurück blieben 500 Millionen Tonnen Atommüll und Deutschlands größter und schwierigster Sanierungsfall. «Und die meisten Patienten hier sind bis zur Halskrause voll mit Gift!» stöhnt Udo, der noch Tage zuvor von schönster Natur und gesundem Leben schwärmte. «Aber was viel schlimmer ist – keiner will es wissen, und jetzt hassen und meiden sie mich, weil ich nicht aufhöre, danach zu fragen. Ist doch vierzig Kilometer entfernt, höre ich als Antwort, und dann gehen sie einfach weg und reden nicht mehr mit mir.» Richtig verzweifelt klang Kassandra-Udo.

Beruhigend redete ich auf den alten Freund mit leichtem Hang zur Paranoia ein – daß er nicht einfach alles hinschmeißen solle, daß er doch jetzt eine Aufgabe habe, die ihn die nächsten Wochen und Monate beschäftigen werde, daß man sich ohnehin nirgendwo mehr den Folgen der Umweltverschmutzung entziehen könne, und daß er schließlich nicht verdammt sei, dort zu leben, und wenn es zu unerträglich werde, sei hier in Berlin immer ein warmes, trockenes Plätzchen für ihn frei. «Nee, nee, so schnell werden die mich nicht los», hat ihn plötzlich ein neuer Energiestoß überfallen, «das ist alles ziemliche Scheiße, aber jetzt erst recht, kann ich dir versprechen, jetzt erst recht. Die sollen mich noch kennenlernen!»

Erleichtert atmete ich auf. Doch noch einer, der sich vom Leben nicht ins Bockshorn jagen läßt. Alles wird gut, solange es nur genug Udos auf der Erde gibt. Wir plauderten und kicherten noch eine Weile über den neuesten Klatsch in der Hauptstadt, und als wir schon «tschüs» gesagt hatten, da fiel ihm doch noch was ein: «Übrigens, demnächst will ich hier mal den Strippenzieher sehen – ich will endlich mal den Programmierer kennenlernen. Verstehste, eine UFO-Attacke von 1985 wäre ausreichend gewesen, um all dies zu programmieren, was uns passiert. Wir wissen es nicht», hob er drohend die Stimme, «noch nicht! But we'll find out, das schwör ich dir!» und legte auf.

Nachmittag in Kreuzberg mit Dame

Ich kann leider nicht schwimmen», schlug der älter gewordene Fernsehstar die Einladung der auch nicht mehr ganz jungen Frau aus, mit der er sich seit einer halben Stunde auf einer Bank am Paul-Lincke-Ufer in Kreuzberg unterhielt. Es war ein stickiger Augustnachmittag, und der staubige Weg vor der Bank war menschenleer. Ein paar Enten tummelten sich im Schatten der herunterhängenden Äste am Steinufer, zwei Penner lagen im Gebüsch zwischen Abfalleimern, leeren Rotwein-Tetrapacks und Hundekot. Dumpf brütete der dreckige Kanal an der Dreißig-Grad-Grenze, in seinem Koma zuweilen von kleinen Blasen aufgeschreckt, die einer der letzten lebenden Fische beim Insektenschnappen warf.

Die Frau mit den flusig hochgesteckten Haaren über dem schweißfeuchten Nacken seufzte enttäuscht auf: «Und ich dachte, wir hätten mal am Schlachtensee picknicken können.»

«Picknicken gern», nickte der Schauspieler freundlich, «aber das Schwimmen hat man mir bei Dreharbeiten verleidet, damals, als ich fast im Wörthersee ertrunken wäre. Einfach reingeworfen haben sie mich, weil sie das komisch fanden und glaubten, so lerne einer schwimmen. Schrecklich war das!» grauste ihn noch die Erinnerung daran. «Rudi Carrell kann auch nicht schwimmen, glaub ich.» Er schwieg und strich sich mit den blassen, langen Fingern durchs Gesicht. «Dabei fahr ich viel lieber ans Meer als in die Berge», sinnierte er, «aber reingehen... Vielleicht würde ich es sogar mal in einem Schwimmbad versuchen, aber es müßte mich jemand halten.» Zutraulich schaute er sie von der Seite an. Aber ins Schwimmbad ging die Frau aus Prinzip nicht.

«Mich deprimieren die Umkleidekabinen und die Duschräume», gestand sie, weil man sich schließlich schon lange genug unterhalten hatte, um auch ein paar Intimitäten austauschen zu können. «Da sieht man doch sein ganzes Leben vor sich: junge

Körper, die einem vor Augen führen, wie man niemals ausgesehen hat, und dann die alten, die unerbittlich zeigen, wie man bestimmt bald aussehen wird.» Bekümmert zupfte sie ihr verwaschenes violettes T-Shirt mit tiefem V-Ausschnitt ein wenig lockerer aus dem Hosenbund.

«Wissen Sie, wenn ich mir alte Frauen so angucke, dann kann ich nicht glauben, daß die ganzen Geschichten über Sexualität im Alter wirklich ernst gemeint sind, oder?» Nachdenklich bot sie ihrem Banknachbarn eine Kekstüte an, aber der war gerade intensiv mit dem Aufziehen seiner Uhr beschäftigt.

«Mensch, ist es spät geworden!» Ruckartig stand er auf, und sein dünner Körper warf kaum einen Schatten auf die sitzende Frau, die ein wenig verlegen mit den mausgrauen Flusenhaaren spielte. «War nett, mit Ihnen geplaudert zu haben», lächelte er mit berufsmäßigem Charme und ignorierte die Zurufe zweier älterer Bauarbeiter, die gerade grinsend in den Feierabend schlenderten und den ehemaligen Fernsehstar erkannt hatten.

«Vielleicht sehen wir uns ja irgendwann mal wieder hier am Landwehrkanal oder am Schlachtensee. Sie drinnen, ich draußen», rief er im Davonradeln, und die junge Frau schaute mit resigniert hochgezogenen Augenbrauen erst in die Kekstüte und dann zu mir hinüber, die ich mit unverhohlener Neugier von der Nachbarbank aus das Geschehen beobachtet hatte.

«Das mit dem Alter und der Sexualität kam wahrscheinlich zu plötzlich», sagte ich und bot ihr tröstend eins von meinen Puddingteilchen an.

«Ja, wahrscheinlich», seufzte sie, stand auf, zog die Jeans über den Bauch und kam zu meiner Bank geschlendert. Ihr eckiges Gesicht mit dem starken Kinn und den großen Zähnen war von Aknenarben eingekerbt, in denen sich Feuchtigkeit sammelte. Auf der breiten Unterlippe waren noch Reste von lila Lippenstift erkennbar, der die Zähne in unnatürlichem Weiß glitzern ließ. Schmale Augen wie von einem Schlittenhund blickten mich mit freundlicher Neugier an.

«Ist 'ne neue Taktik von mir, alles ganz direkt und sofort anzusprechen. Fallen gleich die Luschen raus, aber irgendwie bleibt auch kaum einer mehr übrig. Naja», seufzte sie noch einmal und wischte ein paar Teilchenkrümel von der Hose, «wenn sich alles um einen herum verändert, muß man sich schließlich doch auch was Neues überlegen.» Diese komische Verzweiflung, ihre sympathische Schlampigkeit und die Art, wie sie sprach – sie mußte aus der Gegend stammen, wo ich geboren und aufgewachsen bin. Ich rückte näher an sie heran.

Marion war Sponti in Münster gewesen, dann aber nach Berlin gegangen, «wegen einem mit 'ner ganz tollen Lederjacke, wo lauter schwarze Sterne draufgemalt waren». «Ich hab den Typen aber dann irgendwie gar nicht mehr gefunden, ich glaub, der war auf der Flucht, weil er zu den umherschweifenden Haschrebellen gehörte. Auf jeden Fall wohnte ich erst mal bei 'nem anderen in der Küche, direkt in einer Seitenstraße von der Potse. Ich weiß gar nicht mehr, wo ich den herhatte. Unten im Haus war 'ne Molkerei mit Kühen, die nie in ihrem Leben eine Wiese gesehen hatten und Tag und Nacht in 'nem Schöneberger Hinterhof standen. Das stank schon nach abgestandener Milch, wenn man von der Potse in die Straße einbog... Jetzt fährt man ja ins Umland, um Kühe zu sehen. Ätzend normal, was? Ich find's ja eigentlich ganz okeh, wie's jetzt ist, obwohl so viele meckern seit dem Mauerfall, daß es nicht mehr so gemütlich wie früher ist. Aber eigentlich waren die letzten Jahre hinter der Mauer doch eher langweilig als gemütlich, oder? Man muß ja wirklich mal sagen, daß wir es doch waren, die hinter der Mauer lebten, wenn ich nur an diese schöne Natur denke, die die Ostler immer um sich hatten, ohne dafür sieben Stunden fahren zu müssen...» Vor 20 Jahren war Marion dann nach Kreuzberg gezogen und wohnt heute immer noch im gleichen Haus wie damals, aber in einer größeren Wohnung. Im Erdgeschoß hat sie einen kleinen Laden, in dem sie selbstgenähte Lederkleidung verkauft, samstags und sonntags steht sie auf dem Flohmarkt.

«Als ich hierher kam, war der erste Flohmarkt ja noch auf der Schloßstraße in Charlottenburg, da, wo jetzt der Seniorenneubau mit diesen gräßlich realistischen Fassadenmalerien steht. In der Buchhandlung gegenüber konnte man schon Castaneda kaufen, als die linken Buchladenkollektive gerade die ganze Belletristik zugunsten der blauen Bände rausgeschmissen hatten.» «Jaja», nickte sie heftig, als ich ungläubig grinste, «irgendwann hatten die beschlossen, daß man in der Revolution keine schöne Literatur mehr zu lesen hatte. Alles andre ist bloß Krampf im Klassenkampf – kenn' Se das nich?»

Auf ihrer vernarbten Stirn hatten sich kleine Schweißperlen gebildet. Sie setzte sich im Schneidersitz auf die Bank und knibbelte geistesabwesend an ihren schmutzigen Zehen, die aus abgelatschten Sandalen hervorlugten. «Als die damals mit dem Bau des Seniorenwohnheims anfingen, wanderte der Trödel zum Klausenerplatz gegenüber vom Schloß, wo damals noch der Hauptbunker von Charlottenburg unter einem gemütlichen Grashügelchen war, auf dem die ersten Türkinnen strickten und palaverten. Gott, fanden wir das exotisch, besonders wenn man noch vom letzten Aufenthalt im Pudding-Shop in Istanbul träumte... Ehrlich –» schaute sie mich jetzt ganz empört an – «zwanzig Jahre ist das alles her, und die hocken immer noch unter ihren Kopftüchern rum – das ist doch nicht zu fassen! Wo war ich gerade?»

«Beim Flohmarkt oder bei dem Mann mit den Kühen, ich weiß nicht», sagte ich träge und blinzelte über den versmogten Kottbusser Damm in die Sonne. Ab und zu raste ein Auto über die Brücke, ein Kind weinte und eine hohe Frauenstimme schimpfte in fremder Sprache.

«Ach ja», sagte Marion und machte den obersten Knopf ihrer Jeans auf, «mit dem Flohmarkt – das ist doch alles Scheiße heute. Wurde einfach jedes Jahr beschissener. Der Kiez entkernt und alles schön für'n sozialen Wohnungsbau gemacht, noch nicht mal den lächerlichen Butter-Lindner-Laden haben sie stehenlassen, und der Flohmarkt wurde auf den Potsdamer Platz verlegt – auf der einen Seite das alte Tempodrom, auf der anderen der Flohmarkt, alles schön unter der Wachturm-Beobachtung der NVA ... Und als auch da alles zu unübersichtlich wurde, da haben sie ihn ordentlich auf den Siebzehnten Juni gepackt, wo nur noch abgewichste Händler sind, alles zehnmal so teuer wie damals, und auf dem Billigmarkt am Fehrbelliner hauen sich die Russen mit den Arabern um alles, was 'ne Mark fuffzich kostet. Ätzend. Irgendwie hab ich Durst, soll'n wir nicht mal rübergehn?» deutete sie hinter sich auf eine der Gartenkneipen.

«Wie lange war das denn mit der Molkerei?» setzte ich verspätet nach, wie es der freien Reporter Art ist. «Keine Ahnung, ich bin da ziemlich bald ausgezogen, weil es so gestunken hat. Außerdem kam meine Freundin Doris aus Münster nachgezogen, die kriegte immer Geld von Männern geschenkt – wie die das gemacht hat! – also ich, ich hab nie Geld von Männern gekriegt, noch nicht mal Schmuck – doch, einmal, da hat mir einer 'n Ring aus'm Kaugummiautomaten geschenkt, weil er zu dicke Finger dafür hatte. Haben Sie mal Geld von 'nem Mann gekriegt?»

«Nein, ich glaube nicht», versuchte ich mich zu erinnern, «irgendwie hatte ich immer mehr als die, in die ich mich verliebt habe – ach doch, einer hat mir meinen Führerschein bezahlt.»

«Na, das ist doch was. Doris jedenfalls hatte immer welche mit Geld. Ich weiß gar nicht, ob sie auch mit denen geschlafen hat. Vielleicht gibt es ja so Männer, die wollen einfach gerne Frauen helfen, und Doris hatte einen glasklaren Blick für die. Einer hat ihr tatsächlich Geld für einen ausrangierten Postbus geschenkt. So'n dicker Diesel, Spitze 80, aber innen sehr geräumig. Den haben wir uns mit Matratzen und Kissen, Tüchern und Kettchen ausstaffiert und sind an den Teufelsberg gezogen.

Im Sommer war das klasse. Damals gab es noch nicht so viele Drachenflieger, kaum Bullen, und die Abhörfreaks in ihrem Ufo-Bunker haben sich um nichts anderes als die Ost-West-Telefonate gekümmert. Wochenlang haben wir da nichts als Wildschweine getroffen. Zum Waschen sind wir in den Teufelssee gesprungen, bevor die Kinderläden dort einmarschierten, dann hab ich vormittags Kneipen geputzt und abends noch 'ne Schicht gekellnert.»

«Und Doris?»

«Doris hat Männer mit Geld aufgetan. Einen nach dem andern.

Möchte mal wissen, was die heute macht. Wir werden ja alle nicht jünger, wie meine Omma immer sacht. Doris hatte so schöne dicke Haare und einen Hintern – also, der Hintern von ihr, das war das Größte.» Marion richtete sich auf und malte mit den Händen in die Luft, «der war eigentlich wie von 'ner Negerin – wissen Se, wie bei denen, die Leni Riefenstahl fotografiert hat. Der kuckte so frech nach hinten weg: eine einzige, selbstbewußte Einladung! Klasse.» Träumerisch sann sie eine Weile vor sich hin und machte den oberen Knopf ihrer Jeans wieder zu.

«Gibts noch so 'n Puddingteilchen?»

Aus dem Gebüsch kam ein Stöhnen. Wir fuhren erschrocken hoch. Einer der Penner war beim Umdrehn auf den andern gerollt. Wie zwei fette, alte Hunde lagen sie aufeinander. Der obere furzte einmal kräftig, der untere schnappte wie ein im Schlaf aufgeschrecktes Kind mit zwei kurzen Atemzügen nach Luft, wollte sich aufrichten, merkte, daß es nicht ging, platschte stöhnend runter, und dann war wieder Ruhe.

«Eine Kneipe war ja völlig abgefahren», redete Marion weiter, «die auf der Yorckstraße. So 'n ganz abgefucktes Ding, aber mit Garten davor. Das gehörte irgendwelchen Kleinkriminellen, die ihre Finger noch in anderen Läden hatten, illegale Spielbuden in Neukölln und irgendwelche Bars mit komischen Namen, die erst um drei Uhr morgens aufmachten. Und dieses spießige Gartending gehörte ihnen auch. Es wurde gar nicht groß renoviert, nur 'n Schild rausgehängt: Meldestelle. Da meldeten sich immer Typen, die gerade aus'm Knast entlassen worden waren und nicht so genau wußten, wohin. Einer der Besitzer war Türke, ein ganz vornehmer. Immer im Anzug, egal wie heiß oder kalt. Aber der kam quasi nie vorbei. Und wenn, dann nur ganz kurz. Aber der andere – Heinz Gehrke – das war der erste Avantgardist meines Lebens. Der veranstaltete im Keller unter der Kneipe sogenannte Gerichtsverhandlungen. Angeklagt waren entweder untreue Freundinnen von den Knackis oder die Knackis selbst, wenn sie nur schwächlich genug waren. Aber meistens Frauen – irgendwie hatten die se auch nich mehr alle. Einmal war ich da unten, Getränke runterbringen – da stand die Angeklagte in irgend 'nem alten Kartoffelsack überm Röckchen, Schandkleid hieß das, und vor ihr Gehrke als Staatsanwalt, der dann auf ihr rumteufelte. Die andern Männer mußten Schöffen und Anwalt oder Richter mimen – also sowas von absurd! Ich meine, nicht nur die ganze Idee, sondern auch, daß außer Gehrke keiner so richtig wußte, was das sollte.»

«Warum haben die das denn mitgemacht?» fragte ich fasziniert. Das war ja noch viel besser als die Kühe!

«Ach die», winkte Marion verächtlich ab und zog den weiten T-Shirt-Ausschnitt über eine Schulter, «die hatten doch Angst vor dem. Aber gleichzeitig bewunderten sie ihn auch. Ich ja auch, obwohl er mir auch unheimlich war. Aber der hatte was! Eine Kellnerin, die Gehrke schon länger kannte, hat mir erzählt, daß gar nicht sicher sei, ob der noch normal könne – die Frau, mit der er zusammenlebte, hat ihn dreimal angeschossen. Eine Kugel ging in die Eier.»

«Komisch», wunderte ich mich, «so 'n Ei ist doch ziemlich klein – da müßte doch die Kugel auf der andern Seite wieder rausgekommen sein. Wieso sollte er dann nicht mehr normal vögeln können?»

«Naja, aber was drin ist, war vielleicht im Eimer», zuckte Marion die Schultern, und aus dem Gebüsch stöhnte es hilflos; mit letzter Kraft und mörderischem Blick hoppelte ein schweißgetränkter Jogger an uns vorbei, eine dicke Frau im Kittelkleid ließ sich ächzend auf der Bank nebenan nieder, dort, wo Marion vorher mit dem Fernsehstar gesessen hatte. Grummelnd öffnete sie ihre Handtasche, starrte entnervt hinein und schloß sie wieder. Marion senkte die Stimme: «Aber komisch isses doch, wo 's doch zwei Eier sind», raunte sie, «schließlich gibt es doch auch Leute mit nur einer Niere... Er soll auf jeden Fall geblutet haben wie ein Schwein, und als sie ihn auf der Bahre rausgetragen –» «Ruhe dahinten!» schrie es aus dem Gebüsch, und mühsam schnaufend und kriechend befreite sich der untere Penner von seiner Last – «geht woanders quatschen, ihr bekloppten Waschweiber!» Die dicke Frau machte vor Schreck sofort die Handtasche wieder auf und blickte starr hinein. «Halt's Maul und poof weiter», schrie Marion fröhlich zurück.

«Als sie ihn auf der Bahre rausgeschleppt haben», senkte sie kichernd ihre Stimme wieder, «da hat er nicht gesagt, daß sie das gewesen ist. Der wollte nicht, daß sie eingelocht wird, der wollte sich selber an ihr rächen...» Trocken lachte sie auf: «Aber dazu kam er erst mal nicht, weil er selber in den Knast mußte. Wegen Überfall auf einen Juwelier in Lankwitz. Und die Frau, die hat sich später aus dem Fenster gestürzt. Entweder als er noch saß oder schon wieder draußen war. Irre, wa?» Im ersten Moment wußte ich gar nicht, was für sie jetzt so besonders irre war, aber ich nickte heftig mit dem Kopf.

Obwohl die Hitze mittlerweile unerträglich geworden war und die Enten wie hölzerne Lockvögel, alle auf einem Fleck, unter der Trauerweide im Wasser standen, machte meine Bankbekanntschaft einen geradezu erholten Eindruck. Ihre Haut war jetzt ganz trocken, die geröteten Wangen strahlten mit den Schlitzaugen um die Wette, und in ihrem lachenden Mund funkelten die großen Zähne verheißungsvoll.

«Ich glaub, ich brauch doch mal was zu trinken», sagte ich auffordernd, und sofort stand sie auf, rückte Hose und T-Shirt zurecht und lief leichtfüßig voraus. Ich schleppte mich erschöpft hinterher. Erleichtert ließ die dicke Frau ihre Handtasche zuschnappen. Ein heißer Wind trieb leere Bierdosen über die Straße.

«Als ich Gehrke zum ersten Mal sah, da lag er, total hinüber von Koks und Alkohol, im Schoß irgendeines Transvestiten und schob nur irgendwelche Tausendmarkscheine über den Tisch – ich dachte, ich bin im Film. Aber das dachten wahrscheinlich damals alle, zumindest haben sie sich so benommen. Alles Nacktficker hier, alles Nacktficker, hat Gehrke immer gesagt. Das war eins seiner Lieblingsworte, Nacktficker. Solln wir was zu Essen bestellen? 'ne Bratwurst wär gut, mir is so nach salzig.» Marion schaute sich suchend nach einem Kellner um. In dem stickigen Raum saß außer uns nur noch ein betrunkenes Punkerpärchen, konsequent in schwarze, dicke Pullover und Lederhosen gewandet, die sich gegenseitig mit Bier bespritzten, und ein stoisch lesender Student ohne Haare, der zuweilen aufblickte und tonlos die Lippen bewegte. Nachdem es uns mit betonter Langsamkeit eine Flasche Cola und Weizenbier aus dem Kühlschrank geholt hatte, lehnte sich das stark geschminkte Mädchen hinter dem Tresen ans Flaschenregal und betrachtete gelangweilt die Fliegen an der Decke.

«Noch schlimmer war nur noch ‹Futonficker›.» Marion kicherte albern und tupfte mit dem Zeigefinger erst in das Weizenbier und dann hinters Ohr. Das Mädchen hinter dem Tresen, das gerade dabei war, seine Toupierfrisur zu korrigieren, hielt inne.

«Häärlich», seufzte Marion genießerisch, «müssen Se auch mal probieren.» Sie betupfte auch noch das andere Ohr. «Nacktfikker», wiederholte ich neidisch, «da muß man erst mal drauf kommen.»

«Nä?» strahlte Marion mich an, «Gehrke war im Grunde 'n Intellektueller. Seine anderen Lieblingsworte waren noch: Überzeugungstäter und Grenzüberschreitung – wurde damals noch nicht so oft benutzt –, da war der richtig besessen von. Er war der Überzeugungstäter, der die Grenzen überschritt. Wenn er richtig drauf war, dann erschien er zum Kontrollgang in Badehose und Reitstiefeln – darüber nur 'n halboffenen Trenchcoat und in der Hand eine Peitsche. Wir mußten Rapport geben, und wenn ihm irgendwas nicht paßte, knallte er mit der Peitsche durch die Gegend. War alles klar, schnalzte er mit der Zunge und leckte sich dabei gleichzeitig über die Vorderzähne. Ich glaube, die waren alle falsch, so glatt wie die waren.»

«Hatten Sie denn überhaupt keine Angst?» fragte ich bewundernd.

«Und wie.» Sie nahm einen langen Schluck und bestellte noch ein Weizenbier. «Ich hatte aber nie Probleme mit ihm, weil er mich irgendwie nicht ganz ernst nahm. Manchmal mochte ich ihn sogar richtig gerne, weil er so freche Augen hatte.» Sie lächelte, fast ein wenig gerührt. «Man mußte natürlich immer aufpassen – wenn der seinen Sado-Schub kriegte, dann war keiner vor ihm sicher. Man durfte keine Angst zeigen, wenn er mit der Peitsche knallte oder einem Obszönitäten an den Kopf warf – wer da unsicher reagierte, war geliefert. Ich war ja damals viel zu doof und zu neugierig, um das zu kapieren, aber es gab Mädchen, die ziemlich unter ihm zu leiden hatten, oder vielleicht fanden sie das auch geil, weiß ich nicht. Die ließen sich für den 'ne Glatze scheren, tzzzz», zischend ließ sie die Luft zwischen den Zähnen raus. «Solche Sachen dachte der sich dauernd aus, und traf sich dann mit den Mädchen morgens um fünf vorm Krematorium, die Mädchen ohne Slip unterm kurzen Rock und lauter so 'ne Scheiße. Mit mir hat er immer nur diskutiert, weil er wußte, daß ich Sponti in Münster gewesen bin – wie lange dauert das denn hier, 'ne Flasche Weizenbier zu bringen?» hob sie die Stimme und wedelte mit der leeren Bierflasche. «Diese Kellnerszene in Berlin ist doch echt zum Kotzen.»

«Und dann?»

«Und dann wurde Schleyer entführt. Da war vielleicht was los!»

«Wieso denn, Gehrke hatte den doch nicht entführt.»

«Aber die Bullenpräsenz –» Marion machte meine Begriffsstutzigkeit ungeduldig, und mir fiel auf, daß ihre Schneidezähne extrem spitz waren. «Die ganzen Coups, die geplant waren, konnten doch jetzt nicht mehr laufen, weil die Stadt voller Bullen war. Mann, war'n die Jungs sauer! Und wir mußten jeden Tag antreten, Kneipenangestellte und Knackis. Alle kriegten was zu trinken auf'n Tisch, und Gehrke hielt Vorträge. Danke, wurde auch Zeit!» Ein Kellner, der offensichtlich eher Künstler war, hatte mit hochmütiger Miene eine Flasche auf den Tisch gestellt.

«Was denn für Vorträge?»

Marion ließ das Bier langsam in das schräg gehaltene Glas laufen und überlegte. «Na, was für 'n Unsinn das sei mit der Entführung und daß schon Rosa Luxemburg an Lenin oder Liebknecht einen Brief geschrieben habe, wo sie sagt, daß das Scheiße ist, dem Staat die demokratische Larve vom Gesicht zu reißen oder irgendwie so was. Mann, von so was hatt ich doch überhaupt keine Ahnung. In Münster ham wir doch nur immer Jerry Rubins ‹Do it› gelesen. Aber Gehrke wußte unheimlich gut Bescheid über die ganzen Theorien, ich glaub, der war im Osten aufgewachsen. Und dann gab es jetzt andauernd Razzien. Wohngemeinschaften, Kneipen, alles. In Kreuzberg sowieso.» Sie nahm einen langen, großen Schluck aus dem Glas und wischte sich mit der Handinnenfläche erst über den Mund und dann übers ganze Gesicht. «Aaahhh, häärlich!» Sie richtete sich auf, drückte kurz von der Seite ihre Brüste in Form, tauchte drei Finger ins Glas und verrieb ein bißchen Bier auf dem Dekolleté, und ich versuchte mir vorzustellen, wie sie damals wohl ausgesehen hatte. Ihre ganzen Bewegungen hatten trotz der leichten Vulgarität überhaupt nichts Kokettes. Die dünnen, mausfarbenen Haare hatten sich teilweise aus dem Gesteck gelöst, feine Strähnen fielen ihr ins Gesicht und auf die bloße Schulter. Ihre Lippen, von denen die Lippenstiftreste verschwunden waren, leuchteten in sattem Naturrot.

«In diesen Tagen kam plötzlich der Türke immer häufiger und hatte auch schon mal die Krawatte schief hängen. Er und Gehrke zogen sich dann in den Hinterraum zurück, und ich mußte immer zu trinken bringen. Vorne wurden langsam die Knackis nervös, weil sie nicht wußten, was Sache war. Ja, und dann stellte sich raus, daß der ganze Keller voller Waffen und Munition lag. Ich glaube, daß das der Türke war. Dem Gehrke wär das zuviel Action gewesen, der wollte sich nur in den Kneipen austoben. Aber der Türke, der machte das Geld – in den Kneipen war ja nichts zu holen. Und wir sollten alle was von dem Zeug mit nach Hause nehmen – ich also mit zwei Plastiktüten voll nach Hause und im Kohlenkeller unter den Briketts versteckt. Drei Tage lang konnte ich nicht schlafen vor lauter Angst. Alpträume hab ich gehabt. Wenn ich mir das heute überlege: Mit den Tüten voll Muni auf'm Fahrrad und die ganze Stadt voller Bullen – völlig bescheuert! Zur Belohnung hat uns Gehrke zum Wildschweinbraten oder Hirschgulasch ins ‹Chalet Suisse› im Grunewald eingeladen. Ekelhaft. Hach! Könn' wir mal die Speisekarte haben?!» winkte sie dem Künstlerkellner zu, seinen beleidigten Gesichtsausdruck ignorierend.

Marion hatte inzwischen auch das zweite Bier ausgetrunken. Ich nuckelte immer noch an meiner ersten Cola. «Ich hab in die Tüten einfach nicht reingeguckt, so, als wenn das alles gar nich wahr wäre. Und zu Hause hab ich dann Räucherstäbchen angezündet und ganz feste meditiert, damit ich nicht verhaftet werde. Andererseits war ich ja auch so wahnsinnig neugierig. Oooch, wie gern hätte ich denen in Münster das erzählt, die mit ihren lächerlichen Fünfmarkscheinen, die sie zu Joints drehten... Auf jeden Fall hab ich mich dann auch häufiger alleine mit Gehrke getroffen.»

«Warum das denn?» fragte ich verblüfft, «waren Sie verliebt in ihn?»

Marion schaute mich lange aus zusammengekniffenen Schlitzaugen an, als müsse sie selbst erst mal darüber nachdenken. «Nee», schüttelte sie dann bedächtig den Kopf und verknotete eine Haarsträhne, «verliebt nicht. Zumindest nicht normal. Kann ich nicht erklären, was das war. Wir haben uns auf eine seltsame Art verstanden. Vielleicht stimmt das auch nicht, aber ich glaube, der war auf mich genauso neugierig wie ich auf ihn. Oder vielleicht waren wir beide auch überhaupt nur neugierig, egal auf wen. Ich nehm die Bratwurst mit Kartoffelsalat, und Sie?» Der schnöselige Kellner nahm die Bestellung über zwei Bratwürste mit Kartoffelsalat, ein Bier und eine Cola auf und gab sie entnervt an das Tresenmädchen weiter, die inzwischen angefangen hatte, ihren Nagellack abzuknibbeln. Das Punkerpärchen war nicht mehr da, der Student hatte sein Buch zugeklappt und schaute ins Leere. Durch die verschmierten Fensterscheiben lugte mit der Hand über den Augen einer der Penner vom Ufer, hinter ihm standen untergehakt wartend der andere und die dicke Frau. «Heute nicht», winkte Schnösel ab, aber da war der Blick des Penners schon auf Marion und mich gefallen. Er verdrehte die Augen, drehte sich um und winkte seinen Genossen zu, schnell von hier zu verschwinden. Auf der gegenüberliegenden Straßenseite reparierte ein Mann sein Fahrrad.

«Gehrke hatte so 'n kleinen Sportwagen – sah ganz komisch aus, wenn der mit seinem runden Kopf hinterm Mahagoni-Steuer saß und die Zähne bleckte. Er lud mich in ganz teure Restaurants ein. Häärlich, ich die Speisekarte rauf und runter, und er nur Gin – die ganze Zeit nur Gin, und ab und zu mal aufs Klo, 'ne Nase nehmen.»

«Ging er denn in diese Restaurants auch mit Badehose und Reitpeitsche rein?»

Marion entknotete ihre Haare und lachte: «Nee, da war ich eher das Unikum. Er immer ganz schnieke mit gebügeltem Hemd und Jackett. Wenn er nicht dieses Mundgezucke und Schnalzen gehabt hätte, wär der glatt als CDU-Abgeordneter durchgegangen. Die saßen da ja alle rum, und Gehrke fiel zwischen denen gar nicht weiter auf. Aber manchmal, da kriegte er so Anfälle mitten im Reden, dann fiel er auf die Knie – echt, mitten im Lokal kniete der nieder und weinte über seine Einsamkeit, das verlorene Ei und die tote Geliebte – und danach setzte er sich wieder hin, als wär nichts gewesen – abgefahren, total abgefahren!»

«Und wie ging es weiter?»

«Naja, soo konnte es ja nicht weitergehen. Der Typ war doch in gewisser Weise gefährlich, weil er so verrückt und so unberechenbar war. Lange wär das nicht mehr gutgegangen. Inzwischen wußte ich auch zuviel, sowohl über ihn persönlich wie auch über die ganzen Dinger, die in der Kneipe liefen. Nachdem bei irgendeiner Lieferung was schiefgelaufen war, brach auch noch ein Bandenkrieg aus – auf jeden Fall wurde es allmählich ziemlich unangenehm. Erst haben sie uns abgebrochene Billardstöcke untern Tresen gelegt, damit wir uns bei einem Angriff verteidigen konnten. Dann kriegten wir so Kerle ins Lokal gestellt, die zum Aufpassen abkommandiert waren – Gott waren die abgeschossen: Damals kamen die ersten Bodybuilding-Studios in Mode und da marschierten lauter Popeyes mit Stecknadelköpfen und völlig aufgepumpten Körpern bei uns in den Laden. Zum Weglaufen. Und dann gestand mir auch noch einer von denen, daß nicht ein Fitzelchen Kraft in seinen dicken Oberarmen steckte – ich könnte ihn mit meinem Zeigefinger umschubsen, hat er gesagt, weil das alles nur Steaks oder Proteinpillen wären. Und dann ging alles so richtig daneben. Erst wurde in einer Nacht der Laden aufgemischt, dann merkte ich, daß ich schwanger war...»

«Von Gehrke???!!!!»

«Ach Quatsch! Da wohnte noch so 'n Maler im Haus, der immer Zigaretten ziehen kam, zu dem bin ich manchmal hoch. An dem Nachmittag, als ich in die Klinik in der Schönleinstraße sollte, also, das war ja auch was! Fünf Abtreibungsfrauen in einem Zimmer – eine davon aus der DDR, gerade irgendwie aus'm Knast in Jena freigekauft und sofort schwanger geworden. Die hat uns den ganzen Abend die vollen Horrorstorys aus'm DDR-Knast erzählt, und wir haben das natürlich alles nicht geglaubt – ehrlich gesagt, weiß ich bis heute nicht, ob ich das glauben soll, daß sie die Gefangenen mit nackten Füßen in irgendwelchen Verliesen stehen ließen, die unter Wasser gesetzt wurden, stehen – na, solche Storys hat die erzählt –, und wir andern alle voller Bammel vor der Abtreibung. Morgens um sechs ging dann die Produktion los, zackzack, eine nach der anderen – da konnte man dann sehen, wie die aus der Narkose aufwachten und sofort die Kotzschüssel unters Gesicht geschoben kriegten. Aber als ich aus der Narkose aufwachte, da kriegte ich mit der Kotzschüssel die Nachricht von den Toten in Stammheim von dieser DDR-Tante, die als einzige ein Radio dabei hatte, aber immer auf Kopfhörern hörte. Plötzlich riß sie sich die Dinger runter und schrie: ‹Das ist ja wohl das Allerletzte, jetzt bringen sich diese Feiglinge auch noch um.› Mann, da war mir erst mal richtig schlecht.»

Marion schob sich genüßlich das letzte Stück Bratwurst mit Kartoffelsalat in den Mund. «So!» Sie leerte ihr Bierglas, «vielleicht noch 'n Eis zum Nachtisch?»

«Nein danke», sagte ich erschöpft mit großer Sehnsucht nach meinem Bett. Es war entsetzlich heiß in dem holzgetäfelten Raum, asthmatisch rumpelte die Tresenkühlung vor sich hin, das Barmädchen nuschelte ins Telefon, der Kellner blätterte lustlos in einem Stadtmagazin. Draußen dämmerte es langsam, die Bäume bogen sich im Wind, fluchend schmiß der Mann sein Fahrrad in den Landwehrkanal. Diese Frau war einfach zu intensiv. Ich suchte in meiner Tasche nach dem Portemonnaie, aber die Geschichte wollte ich noch zu Ende hören.

«Was ist denn aus der Meldestelle und Gehrke geworden?»

Marion steckte ihre Haare hoch und grinste den Kellner verführerisch an, der mit angewidertem Blick unsere mayonnaiseverschmierten Gläser und Teller abräumte und die Rechnung auf den Tisch legte.

«Wir schließen jetzt leider», säuselte er falsch, ohne Marion anzuschauen.

«Was sind das nur für Männer heutzutage», seufzte sie und ließ die dünne Haarpracht wieder fallen. «Die Meldestelle ist wieder 'ne ganz normale Kreuzberger Gartenkneipe mit Skifflemusik zum Sonntagsfrühschoppen. Nach der Abtreibung bin ich für 'ne Zeit aus der Wohnung raus, hab mein Abitur auf der Abendschule gemacht und dann mit den Lederklamotten angefangen. Jahrelang bin ich nicht mal mehr in die Nähe von der Kneipe gegangen, aber neulich, nach zwanzig Jahren, hab ich Gehrke wiedergesehn, steht der doch tatsächlich auf der Wilmersdorfer in der Fußgängerzone und verteilt Flugblätter für die PDS. Auch 'ne Art von Grenzüberschreitung, was? Dieser Maler übrigens, von dem ich schwanger war, das war ja auch 'n Typ –»

Ich kramte in meiner Tasche nach dem Portemonnaie und legte das Geld für unsere Würste und Getränke auf den Tisch. «Es war sehr interessant mit Ihnen», gab ich Marion die Hand zum Abschied. Sie war nicht überrascht. «Vielleicht könnten wir uns ja mal am Schlachtensee treffen», sagte sie, stand auf und rückte Hose und T-Shirt zurecht.

«Ich kann leider auch nicht schwimmen», lächelte ich bedauernd und ging zur U-Bahn.

Ein guter Tag zum Sterben

Die Trauerfeier war für 10.00 Uhr auf dem Ruhlebener Friedhof angesetzt. Auf der schwarz umrandeten Einladung stand geschrieben, daß man von Blumen- und Kranzspenden absehen und statt dessen eine Spende an die Aidshilfe leisten sollte. Mark wäre drei Wochen später dreißig Jahre alt geworden.

Wie zwei gelangweilte Detektive sitzen Andreas und ich im Auto, hören die neueste Bob Dylan und starren schweigend durch die Windschutzscheibe, als plötzlich ein schwarzer BMW mit Stuttgarter Kennzeichen schwungvoll an uns vorbeirauscht und erst kurz vor dem Friedhofstor abbremst. Der Fahrer im Loden von Loden Frey steigt aus, eilt um den Wagen herum und reißt die Beifahrertür auf, damit eine Endfünfzigerin im schimmernden Nerz den Weg aus dem Wagen findet. Offensichtlich gebrochen, aber um Haltung bemüht, schreitet sie auf seinen Arm gestützt den Plattenweg zum Krematorium hinunter. «Die Mutter», nikken wir uns kennerhaft zu. Im Rückspiegel tauchen Marks langjähriger Freund Karl und die gemeinsame Freundin Rosa untergehakt auf und kommen gemessenen Schrittes näher. Karl, der nicht wollte, daß man ihm die eigene fortgeschrittene Krankheit ansieht, hat sein Gesicht mit cortisonhaltiger Creme eingeschmiert und strahlt gegen die morgendlich fade Januarsonne an. Rosa ist blaß und hat Lippenstift aufgetragen. Ihre aschblonden Locken hängen müde über dem Kragen aus Pelzimitat.

«Get well, get well, she cried», näselt Bob Dylan. «Schönes Lied», sagt Andreas. Wir hören noch «Love Henry» zu Ende und schlendern dann zu der Friedhofskapelle hinüber, einem asketischen Gebäude, das so unauffällig gemein ist, daß es weh tut. Warum macht man es den Toten auf ihrem letzten Weg nicht wenigstens ein bißchen nett?

Langsam finden sich auf dem Vorplatz sanft dreinblickende Frauen und Männer mit traurigem Trotz im Gesicht ein. Sie umarmen sich, manche etwas länger. Dabei streichen sie einander mit einer Hand den Rücken rauf und runter. Rauf und runter. Das hab ich schon bei der großen Quilt-Auslegung in Los Angeles erlebt. Good mourning, dachte ich damals, heute hab ich immer «Get well, get well, she cried» im Ohr.

Jetzt hat die Mutter den ersten Schwächeanfall und muß ins Gebäude auf die Bank geleitet werden. Rechts der Lebensgefährte des toten Sohnes, links der Gatte im Lodenmantel, drum herum die betroffenen Freunde, und jeder reicht jedem die Hand. Im Baseballstadion von Los Angeles eilten in solchen Augenblicken die Volunteers mit Kleenexpackungen herbei.

Rosa geht mit uns auf den Steinplatten vor der Kapelle hin und her.

«Wir haben Mark die letzten Tage geradezu vor seiner Mutter schützen müssen, er war ja schon gar nicht mehr richtig da. Wir mußten sie mit allen Kräften davon abhalten, sich zu ihm aufs Bett zu werfen, so daß sie sich beschwerte, wir wollten sie von ihrem Sohn trennen. Aber sie war abgefüllt mit Beruhigungsmitteln und völlig zu. Seit Wochen und Monaten schon hatte sie alles verfügbare Zeugs geschluckt, um die Situation zu überstehen. Mark fragte in lichten Momenten immer nur ganz erstaunt: Was wollen denn die ganzen Leute hier? Und ich hab ihm geantwortet: Die wollen sich von dir verabschieden. Dann hat er gefragt: Ja, verreisen die denn?

Er ist am Sonntag gestorben, und schon am Freitag hatte ich beim Bestattungsinstitut angerufen, um mich zu erkundigen, was man alles machen muß, wenn jemand stirbt; eine halbe Stunde später haben die zurückgerufen und gefragt, ob er denn jetzt tot sei! Nee, hab ich gesagt, der ist noch nicht tot! Ist doch unglaublich.

Für uns, die wir dabei waren, war es eine sehr intensive Erfahrung. Jeder hat irgendwas getan: gekocht oder abgewaschen, die Mutter beruhigt oder bei Mark gesessen. Die letzte Nacht hab ich bei ihm im Zimmer geschlafen, weil klar war, daß es zu Ende geht. Es gibt dann nicht mehr viel, was man tun kann: ein bißchen

Wärme geben und Wasser zum Trinken reichen. Heute erinnere ich mich an die lächerlichsten Sachen, immer mit dem Gedanken: Das war das letzte Mal. Das letzte Glas Wasser, die letzte Führung seiner Hand, wenn er sich irgendwo kratzen wollte.

Am Morgen danach wachte ich auf, und es war ein wahnsinnig blauer Himmel, richtig aufgerissen vor lauter Bläue, und ich dachte, ja, das ist ein guter Tag zum Sterben. Ich habe noch nie jemanden sterben sehen und dachte immer, man würde es gar nicht merken – aber das stimmt nicht – man merkt es ganz deutlich. Vorher atmete er laut und regelmäßig, aber die letzten fünf Atemzüge waren ein gewaltiges Schnappen nach Luft. Dann war er tot. Und ich habe gesagt: So Mark, jetzt bist du tot! – damit er sich nicht wundert, wenn all die weinenden Menschen um ihn herumstehen.

Wir wußten, daß man das Kinn hochbinden und die Augen mit Wattebäuschchen zudrücken muß, was aber gar nicht so einfach ist, man muß beim Kinn den Knoten ziemlich fest ziehen und bei den Augen eine Weile drücken, weil sie immer wieder aufgehen. Wie schnell das ging, daß sein Körper kühl wurde...

Und dann haben wir ganz viele Blumen auf und um ihn herum in sein Bett gelegt, damit es auch für uns ein bißchen schön war. Die sind natürlich nach einigen Stunden verwelkt, und die Mutter hat sie dann durch frische ersetzt, weil sie den Anblick der verwelkten Blumen nicht ertragen konnte.

Danach mußte alles ruckzuck gehen: Totenschein ausstellen lassen, Karten drucken, Sarg aussuchen, die Aufbahrung in der Krypta der anthroposophischen Christengemeinde anmelden. Dort soll den Toten mit einer kurzen Zeremonie, während der aber nichts Persönliches gesagt wird, der Weg in die geistige Welt geebnet werden. Anschließend kam der Pfarrer zu uns und sagte: ‹So, nun geht bitte, Mark ist nicht mehr hier – den müßt ihr jetzt woanders suchen.›»

Diesen freundlichen Humor läßt der Pfarrer bei der Trauerfeier auf dem Friedhof vermissen. Nach angsteinflößendem Orgelgerumpel zum Einzug der Trauergäste hält er eine der üblichen Reden, in denen vom wundervollen Leben des Verstorbenen gesprochen wird: daß sein Charakter schwierig, aber gut war, daß er sich immer auf der Suche befand – keine Rede von Marks Park- und Klappensucht, kein Wort darüber, daß er nach längerem Aufenthalt bei einem berühmten Heiler auf einer Mittelmeerinsel als krankheitsfrei diagnostiziert und entlassen wurde, kein Wort über seinen Haß auf die Mutter, die seine Homosexualität bis heute geheimhalten will, ihm dafür aber einen Rosenkranz und ein Jesusbildchen in die gefalteten Hände drückte – damit wird er jetzt wochenlang im Kühlfach liegen müssen, weil der Andrang auf Feuerbestattungen so groß ist, daß die Leichen zwischengelagert werden müssen. Feuerbestattung ist billiger als ein Begräbnis, und neue Krematorien werden nicht gebaut. So wird es nach Kryptazeremonie und Ruhlebener Trauerfeier noch eine Urnenbeerdigung in Stuttgart geben – wahrscheinlich mehr oder weniger heimlich, damit niemand von der Krankheit erfährt. Karl haben die Eltern einen Platz daneben angeboten. Immerhin.

Get well, get well...

Wir haben genug gesehen und gehört. Andreas verpflichtet mich, bei seiner Beerdigung für eine kraftvolle Neger-Blaskapelle zu sorgen, Reggae ginge auch. Ich kann mich im Moment für keine Musikrichtung entscheiden, bin immer noch zornig über das furchtbar uninspirierte und geradezu bedrohliche Ritual und tröste mich mit dem Gedanken an die Beerdigung von Tornado-Günter, der einst eine seiner besten Kabarettnummern mit den Worten begann: «War das eine Leichenfeier – was ham wir gelacht!»

Als Wolfgang Neuss vor sechs Jahren mit dem Wort «Mama» in den Armen seines Freundes Robby Rob gestorben war, standen wir alle bereits eine halbe Stunde später im Hausflur vor seiner Wohnungstür, durften aber nicht hinein, weil die Polizei bereits vor uns eingetroffen war. Juppi und Pit von der Ufa-Fabrik, Droste und Nothnagel von der taz, Arnulf und Günter von den Tornados. «Wenn Se nun unbedingt wollen, könn' Se jetzt rin», kam einer der Zivilen heraus, «aber 'n schöner Anblick is det weiß Gott nich.» Sie hatten ihn bereits in eine große, graue Plastiktüte gepackt, deren Reißverschluß noch offen stand. Ich erinnere mich an die unwirkliche Farbe seiner Füße und an sein geliebtes Gesicht, und daran, daß wir alle zusammen zum Jugoslawen an die Ecke gingen. Dort war Neuss immer hingegangen. Wir tranken Bier, und der Wirt gab eine Runde Sliwowitz aus. Als wir wieder herauskamen, hoben sie eine Trage mit dem grauen Plastiksack in einen grauen Ford Transit.

Arnulf erinnert sich: «Danach lud das buddhistische Zentrum zu einer Trauerfeier im kleinen Rahmen ein. Günter ist hingegangen, er wußte ja, daß er auch bald sterben würde. Die Zeremonie für Neuss bestand darin, daß sechs Leute zusammenkamen und eine Stunde lang schwiegen. Das hatte Günter eingeleuchtet, und so wollte er das auch nach seinem Tod haben. Die richtige Beerdigung von Neuss wurde dann von Kurt Groenewold und seiner Schwester organisiert, die ja auch sein Leben in den letzten Jahren finanziert hatten. Das war aber mehr ein Medienereignis, obwohl Dieter Hildebrandt am Grab darauf hinwies, daß Neuss keine Redner gewünscht habe, wenn er sich nicht mehr wehren könne. Wolfgang hatte nie über das Sterben gesprochen, das existierte für ihn einfach nicht. Er sagte immer, verrückt wie der Kerl war: Ich habe den Krebs durchs Haschischrauchen gekriegt und durchs Haschischrauchen wird er auch wieder weggehen – völlig beknackt, der hatte doch Hodenkrebs! Tja, und dann war er tot. Im Grunde hat er sich wohl zum richtigen Zeitpunkt aus dem Staube gemacht, bevor sich eine Armada aus gutwilligen Freunden bilden konnte, die ihn mundtot machen und ins Krankenhaus einliefern lassen würde.

Und Günter, der seit 1985 wußte, daß er positiv war – also, das war was: Er kam vom Aidstest zur Probe, hatte einen Apfel und einen Kaugummi dabei – wahrscheinlich hatte ihm der Arzt geraten, ein bißchen gesünder zu essen und nicht mehr zu rauchen –, er war heiter und witzelte rum. Wir wußten, daß er beim Test gewesen war, aber niemand hätte vermutet, daß er positiv ist. Aber Günter war bereit, sich damit auseinanderzusetzen, und überlegte hin und her, wie er sich denn seine Beerdigung wünschen würde. Erst dachte er an eine Riesenparty. Drogen jede Menge, alle sind gut drauf, und der Sterbende fängt mitten im dicksten Tohuwabohu an, die Aschenbecher auszuleeren. In diesem Augenblick geht ihm auf, daß Sterben was ganz Geiles, quasi ein wahnsinniger Orgasmus ist, und daß jetzt all diese Fragen endlich wegfallen – Wie muß ich gucken, wenn ich fotografiert werde? oder: Was schenk ich meiner Mutter zum Geburtstag? –, dann zieht er sich von allen Drogen, die da sind, jede Menge rein und schleicht sich unbemerkt von dannen. Oder er fährt zur Elfenbeinküste, weil er mal gehört hat, daß es superschön dort sei, und macht da die tolle Party – eigentlich eine Leidvermeiderei, wie das ja hierzulande gern betrieben wird. Die Qualität eines Bestattungsinstituts mißt sich zum Beispiel daran, wie schnell die die Leiche wegschaffen. So schnell kannst du gar nicht nein sagen, wie die dich von der Leiche befreien wollen – das ist Sondermüll, das muß weg!

Bei Günter hat sich dann in den letzten drei Jahren einiges verändert. Von diesen Jahren sagte er übrigens, daß es seine schönsten gewesen seien. Wie Neuss hatte er vorher unheimliche Angst davor, keine Anordnungen mehr selbst treffen zu können, sondern von der Zuneigung und Pflege anderer Menschen abhängig zu sein. Aber in seiner originellen Art hat er das sehr gut gelöst: Er lebte von ein paar Auftritten, von Kollegenspenden und fand schließlich auch noch Chris, der noch nicht mal schwul war und wunderbar für ihn sorgte. Drei Tage vor seinem Tod bin ich bei ihm gewesen, und er hatte gesagt: Mittwoch nach der Tagesschau isses soweit. Und ich hab gesagt: Nee, da kann ich nicht, da hab ich 'n Termin. Und dann zettelte der tatsächlich eine Diskussion darüber an, ob ich nicht den Termin verschieben müsse. Das kriegte aufeinmal so was Diktatorisches, aber da wollte ich nicht mitmachen – zumal das ja auch ein furchtbarer Gedanke war. Er hat dann weder was Lebensverlängerndes noch etwas Todbeschleunigendes getan, er hat sich einfach im wahrsten Sinne des Wortes verdünnisiert. In dieser Zeit entstand auch die Idee, vielleicht ein alternatives Beerdigungsinstitut zu gründen, weil die

Sterbekultur hier so entsetzlich ist. Günter hatte ja seine Sterbefeier minuziös geplant. Erst wollte er auch eine ganze Stunde Schweigen anordnen, aber dann kam ihm das doch ein bißchen zu lang vor, also haben wir uns auf eine halbe Stunde geeinigt. Viele haben mich angemacht, wie tyrannisch das sei. Aber Günter hatte gesagt, es sei ihm egal, was die Leute in der Zeit machen, ob sie an ihn oder Schalke 04 denken. Und eigentlich war das ja auch eine irre Vorstellung, daß da Deutschlands brillanteste Schwätzer einfliegen, nur um eine halbe Stunde den Mund zu halten!

Flughafen Tegel. Die Maschinen aus Köln und Frankfurt treffen kurz nacheinander ein. Sechs Kabarettisten witzeln miteinander, daß man sich mittlerweile öfter auf Beerdigungen als auf Festivals träfe. «Aber 'ne Beerdigung mit Schweigen hatten wir noch nicht», grinst Heinrich Pachl, und Richard Rogler äußert die Vermutung, daß sich daran doch sowieso keiner halten würde. Mit Matthias Beltz und Dieter Thoma fahre ich zum Wilmersdorfer Krematorium. «Also, um noch mal darauf zurückzukommen – was der Günter sich da ausgedacht hat, ist doch wirklich die reinste Boshaftigkeit», mäkelt Dieter, «'ne halbe Stunde Schweigen – unmöglich. Und er wäre doch der letzte gewesen, der sich daran gehalten hätte. Wirklich, ein gelungener Coup von ihm, das muß man zugeben: Wir sitzen da dumm rum, und er lacht sich ins Fäustchen.» Matthias schmunzelt: «Ne halbe Stunde kann ziemlich lang werden, mein lieber Mann – auf der Bühne 'ne halbe Stunde zu füllen ist schwer.» Mir ist mulmig zumute. Was, wenn die in ihrer geballten Abwehr gegen alles Andächtige den Ablauf kaputtmachen? Und warum spricht keiner über den Verlust von Günter und die eigene Angst? Das kann ja heiter werden.

Auf dem Platz vor dem Krematorium stehen schon etliche Leute. Man begrüßt sich lachend, viele haben sich lange nicht mehr gesehen, niemand weint oder macht ein sorgenvolles Gesicht. Die Umarmungen sind eher ein Zeichen der Wiedersehensfreude anstatt des gegenseitigen Trostes. «Was machst du denn eigentlich so, dich sieht man ja gar nicht mehr?» fragt Rosa von Praunheim. «Ach, ich geh in den letzten Jahren immer gerne früh ins Bett», kommt die Antwort. «Aahaa», hellt sich sein Gesicht lüstern auf, «mit wem denn derzeit?» Gott, sind diese Schwulen pietätlos.

Von Politik bis Kultur – die ganze Szene ist hier versammelt. Dazwischen Günters Mutter, Tante, Bruder. Arnulf, als Zeremonienmeister im Anzug mit roter Fliege, winkt uns zum Eingang. Wir tragen uns in die Gästeliste ein.

«Wie ihr vielleicht schon wißt, hat sich Günter jegliche Reden verbeten und statt dessen eine halbe Stunde Schweigen gewünscht», sagt Arnulf vor dem proppevoll besetzten Saal, und Dieter murmelt noch schnell irgend etwas über Arnulfs fleckenloses Jackett.

«Er hat aber auch gesagt», fährt Arnulf fort, «daß ihr in dieser Zeit an alles mögliche denken könnt. An ihn oder an Schalke 04. Er hat sich zwei Lieder aus Schuberts ‹Winterreise› gewünscht. Eines werden wir jetzt hören, das andere wird nach der halben Stunde gesungen.»

Neben mir sitzt Jonny Eisenberg, ein Berliner Rechtsanwalt, der wegen seiner rücksichtslosen Fouls beim Fußball gefürchtet und bei manchen wegen seiner lautstarken politischen Statements verhaßt ist. Ganz still sitzt er auf der kalten Kirchenbank.

Von einem kleinen Klavier erklingen zaghaft ein paar Töne. «Fremd bin ich eingezogen, fremd zieh ich wieder aus», singt eine Frauenstimme, und ich wundere und freue mich, daß Günter dieses Lied auch so gerne mochte. «... will dich im Traum nicht stören, wär schad um deine Ruh'...» beginnt die letzte Strophe. Ein paar Huster, Mäntelrascheln, Füßescharren, und dann ist es tatsächlich ruhig. Was für eine wunderliche Stille von so vielen verschiedenen Menschen ausgehen kann. Ich schaue mich um und sehe viele vertraute Gesichter, die einen seltsam entspannten Ausdruck tragen. Beruhigt schließe ich die Augen und versuche, an Schalke 04 zu denken, aber dann fallen mir doch ein paar Situationen mit Günter ein. Wie er mir sein Auto verkaufte, um sich genau denselben Typ wieder zu besorgen. «Ich fahr doch jetzt mit meiner Mutter und Tante Elli in Urlaub, und in dem alten sind so viele Löcher von abgefallener Joint-Asche. Das ist doch nicht schön für so alte Damen.»

Seine Geschichten aus der Zeit, als er noch Geschäftsführer bei Edeka in Celle war, wie herzlich und sperrig zugleich er war, wie ernsthaft und albern, wie liebenswert und unverständlich.

Get well, get well.

Niemand hatte wohl so bald mit dem zweiten Lied gerechnet, das die halbe Stunde singend beendet. «Am Brunnen vor dem Tore» läßt dann auch programmgemäß hier und da die Tränen rinnen. «War gar nicht so lang, was?» freut sich Dieter auf dem Weg zur Ufa-Fabrik, «ich hab irgendwie ganz vergessen, auf die Uhr zu gucken, komisch eigentlich.»

Die Ufa-Leute hätten die besten Voraussetzungen, das erste alternative Bestattungsunternehmen zu gründen. Gemütlich warm sind die Räume, auf den Tischen stehen Teller mit Buletten und Streuselkuchen, Kaffee und Schnaps gibt es am Tresen, ruhige Musik tönt leise aus den Lautsprechern, langsam trudeln Günters Familie und die anderen Beerdigungsgäste ein, und in kleinen Grüppchen sitzt man zusammen und erzählt sich was. Wie die halbe Stunde war, was man gerade so macht, wie lecker der Streuselkuchen ist, was man mal mit Günter erlebt hat; was für eine schöne Beerdigung das war.

Heilung nach dem Lunch

Ihre orangen Fingernägel waren wenigstens zweieinhalb Zentimeter lang und leuchteten mir im fröhlichen Duett mit dem giftgrünen Leichtplastikanzug und einer Dauerkrause, die einen Stich ins Violette zeigte, schon von weitem entgegen. Die Kreation, die an jenem lauen Sommermorgen vor dem Eingang des Hotels Stadt Hamburg stand und auf mich wartete, sah wirklich unglaublich aus. Diese Karikatur einer exzentrischen Vorstadthausfrau sollte wirklich jene berühmte Zauberkundige aus New Jersey sein, zu der alle New Yorker eilten, wenn sie von kleinen oder großen Zipperlein geplagt wurden? Die John von allen Allergien befreit und Cheryl aus dem Rollstuhl geholt hatte? Die von arabischen Scheichs nach Kuweit eingeflogen wurde, und die die einzige Frau sein soll, die ein orthodoxer Rabbi in der Jerusalemer Meah Sharim an seinen Körper läßt?

Ich kann es kaum glauben und überlege fassungslos, in welchem Teil der «Nackten Kanone» ich eine solche Figur schon einmal gesehen haben könnte. In ihrem «Drei-Tage-durch-Deutschland-Programm» habe sie vor Sightseeing und Opera einen freien Vormittag, hatte sie durchs Telefon gezwitschert, ob ich nicht einen Spaziergang mit ihr durch Berlin machen wolle. Heilerin sei sie und dazu noch Vorsitzende eines internationalen Heilervereines – natürlich, immer her mit den kleinen Heilerinnen, aber wohin jetzt mit ihr, wo mich keiner sieht?

Sie möchte vor allem zum Brandenburger Tor, wo sie eine kleine Versöhnungszeremonie zelebrieren wolle, damit sich die Westdeutschen und die Ostdeutschen wieder mehr liebhaben. Das ist ein löbliches Vorhaben, und am Brandenburger Tor kennt mich keiner, vor allem nicht am frühen Morgen.

Und dann steht sie unter dem Tor, ich, nicht nur aus Pietätsgründen ein paar Meter entfernt, linse aus den Augenwinkeln, wie sie die langen East-Orange-Fingernagelhände gegen preußischen

Sandstein preßt, dabei die königsblau gefärbten Wimpern über die Wangen fallen läßt und so ein abgrunddämliches Bild bietet, daß ich mich doch schnell umschaue, ob niemand guckt. Aber da saust nur ein hartgesottener Taxifahrer neben uns durchs Tor, der sich schon lange für gar nichts mehr interessiert, und die paar verstreuten Touristen schenken ihre Beachtung lieber den immer wieder allerletzten Russenmützen oder wollen unbedingt eine rückwärtsgehende Uhr haben, auf der der gefallene Engel im Wenders-Film erkannte, wann es Zeit war. Niemand also kümmert sich um uns, das ist gut, sie indessen drückt weiter so lange gegen die Torwände, bis es ihrer Ansicht nach genug ist – wer weiß, vielleicht hat es sogar geholfen, ich fahre seitdem viel häufiger nach Ostberlin und lege seltener falsch Zeugnis ab wider meine Brüder und Schwestern.

Nun möchte sie wohl einen kleinen Salat und einen Kräutertee zu sich nehmen, eine Heilung, gerade eine so unpersönliche, strengt doch sehr an. Ja, wo gehen wir denn jetzt hin, ins Hotel muß sie auch bald wieder, eine Bustour durch die Stadt steht noch an – also ringe ich mich durch, sie doch ins Bovril zu führen, da weiß man, was es gibt, und außerdem will ich selbst doch auch etwas von diesem Ausflug haben. In ansteigender Mittagshitze wandern wir zurück, den ganzen Weg von Mitte bis zum Ku'damm, Ecke Olivaer Platz, sie soll die schnittigen Sneakers nicht umsonst angezogen haben.

Vor den gläsernen Schwingtüren des Restaurants stehen schon zwei Mitglieder des adretten weißen Kellnerballetts, rauchen in Erwartung der Gäste eine Zigarette und geleiten uns mit schnellem Blick und dezenter Höflichkeit zu einem der Tische unter dem Ventilator. Erschöpft lassen wir uns auf die abgewetzten rotbraunen Stühle fallen, als auch schon der schlimmste und launischste von allen Kellnern angewatzt kommt.

O Enzo, gefährlich ist's, seinen Leu zu wecken: immer, selbst wenn gar nichts los ist wie jetzt, wie von Furien gehetzt, viel zu viele Teller und Tassen balancierend – quatscht mich bloß nicht an, warnt seine drohende Miene – und mit grimmiger Hektik in jeder freien Sekunde an einer Overstolz saugend, während ihm der Infarkt aus den Augen stiert. Ausgerechnet in Enzos Revier haben die beiden uns plaziert, nur damit sie selbst auch weiterhin draußen mit unbewegten Mienen den gut gekleideten Frauen zuschauen können, die ihre Joop-Schuhe und ihre Versace-Kostümchen lässig in die offenen BMWs werfen, bevor sie mit kühlem Selbstbewußtsein und wehendem Hermes-Schälchen aus dem Parkverbot brausen.

«Bitteschön», schmeißt uns Enzo die Speisekarten hin und rennt gleich wieder zu seinem Platz am Aschenbecher hinter der Theke, wo sich zwei Barkeeper schweigend dem geschmeidigen Tanz von Abtrocknen und anschließend prüfendem Drehen der Weingläser hingeben. Ihre weißen langen Schürzen strahlen mit den gestärkten Oberhemden um die Wette, ihre Lippen deuten ein entspanntes Lächeln an, und liebevoll tasten die Augen das Glas nach Flecken von Lippenstift oder Fettfingern ab. Der Ventilator, so groß wie der Propeller eines einmotorigen Flugzeuges, klappert beruhigend, appetitanregend maunzen Violinen die Vier Jahreszeiten bis in die Kabinen der Herren- und Damentoilette hinein, die Heilerin plappert zirpend irgend etwas, wobei ihre Hände wie Schmetterlinge auf und nieder flattern, da erreicht uns quer durch den Raum ein strafender Blick von Enzo, ob wir uns wohl endlich entschieden haben! Wie würde er ausrasten, wenn wir beide einen Salat äßen...

Als er herangesaust kommt, bestelle ich vorsichtshalber das beliebte staubtrockene Wiener Schnitzel zum Weißwein, und die Heilerin, der Enzo bis jetzt kaum mehr als einen verächtlichen Blick gegönnt hat, erklärt ausführlich, daß der Salat um Gottes Willen nicht mit Essig, sondern nur mit Zitrone angemacht werden dürfe, und statt Tomaten hätte sie lieber mehr Gurken, weil sie wasserhaltiger seien, und, ja, ob es lauwarmen Hagebuttentee gebe – man solle nie zu heiß trinken. Ich wage gar nicht aufzublikken, spüre seine aufsteigende Wut, und erhöhe schnell von einem viertel Liter auf einen halben. Während des Essens frage ich mich, welcher Masochismus mich immer wieder in die Nähe dieses Kellners treibt, den ich liebe wie keinen anderen, und dann, als wir zahlen wollen – das ist doch nicht möglich –, bleibt Enzo plötzlich wie angewurzelt an unserem Tisch stehen und klagt, daß es ihm überhaupt nicht gut gehe, daß er kaum laufen könne, so sehr plagten ihn die Rückenschmerzen bis hinauf in den Nakken.

Sein Gesicht, gegerbt von Tiroler Bergwelt und durchrauchten Nächten, ist aschgrau und müde, die sonst so aggressiv blitzenden Augen sind matt und bleifarben. Ich sage, was man in solchen Fällen so sagt, wenn man dem andern die Last nicht abnehmen kann. Renn nicht so rum, rauch nicht soviel, wann fährst du in Urlaub, wie geht's deiner Frau...

Aufmerksam betrachtet die Heilerin den seltsamen Kellner und schaut mich fragend an. Ich schildere ihr kurz auf englisch das Problem, was ich eigentlich auch nicht so genau kenne, aber da bittet sie mich schon, Enzo zu sagen, er solle sich einen Moment hinsetzen – nie wird er das tun. Aber kaum hab ich den Satz weitergegeben, hat sich der Grobian schon an der Kopfseite des Tisches auf einen Stuhl plumpsen lassen.

Wir sind allein in der hinteren Hälfte des Restaurants, vorne an der Bar sitzt eine ältere Frau, an den Cafétischchen lesen einzelne Männer Zeitung, Enzo hockt erwartungsvoll auf seinem Stuhl. Die Heilerin tritt hinter ihn, eine kleine Frau im Jogginganzug, fährt mit der einen Hand durch die Luft über seinem Kopf, die andere bleibt einen Zentimeter vor seinem Nacken stehen, fächelt leicht hin und her, bis sie plötzlich eine Stelle berührt: «Frag ihn, ob es dort weh tut», aber da schaut mich Enzo schon aus aufgerissenen Augen an: «Woher weiß sie, daß es da am schlimmsten ist?» Die Frau an der Bar schaut zu uns herüber und nimmt einen Schluck aus ihrer Kaffeetasse. Die Heilerin hat die Augen geschlossen und fächelt weiter mit langen Fingernägeln über der schmerzenden Stelle, Enzo kauert regungslos mit gesenktem Kopf und betrachtet seine geschwollenen Hände, die auf den beschürzten Oberschenkeln ruhen. Plötzlich dreht er den Kopf hin und her und hin und her, rauf und runter: «Das kann ich seit Jahren nicht mehr – sag ihr, daß ich meinen Kopf seit Jahren nicht mehr richtig drehen konnte!»

Die Heilerin bleibt ungerührt und bittet ihn, sich rittlings auf den Stuhl zu setzen. Die Zeitungsleser an den Cafétischen lesen Zeitung, die ältere Frau an der Bar hat ihre Kaffetasse von sich weggeschoben und stützt den Ellenbogen auf den Tresen und den Kopf in die Hand, um gemütlicher zugucken zu können. Die Zigarettenkellner segeln vornehm in die Küche und mit Essen wieder zurück. Enzo sitzt rittlings auf dem Stuhl und ist ganz entspannt im Hier und Jetzt. Nun fährt die Fächelhand seine Wirbelsäule rauf und runter, die langen Fingernägel schwirren wie bunte Libellen über dem Biotop – jeder tanzt einen eigenen Kreis um sich selbst, die andere Hand bleibt weiterhin ruhig über dem Kopf stehen, rauf und runter flattern die Finger, halten manchmal inne, berühren einen Punkt auf dem Rücken, fliegen wieder auf, schütteln sich nach unten ab, fahren wieder aufwärts – und plötzlich ist der Spuk vorbei.

Keine zehn Minuten sind vergangen. Die Frau am Tresen raucht eine Zigarette und schaut. Enzo steht langsam auf, sagt «So!», streckt die Arme nach vorne und macht erst mal drei Kniebeugen, «hah!» schreit er und macht gleich noch welche. Jetzt gucken die Zeitungsleser hoch, sehen diesen furchtbar mißmutigen Kerl zwei etwas sonderbar aussehende Frauen küssen und umarmen und immer «danke, danke» schreien und beugen sich, halb amüsiert, halb peinlich berührt, wieder über ihre Zeitungen.

Vor lauter Begeisterung verrechnet sich Enzo zu seinen Gunsten bei der Rechnung, aber ich sage nichts, weil die Heilerin die Rechnung bezahlt. Als ich sie auf dem Weg zum Hotel frage, was es ist, sagt sie: «Liebe» und schabt mit den Nägeln der einen Hand ein bißchen Schmutz unter den Nägeln der andern Hand hervor.

Enzo war ein Jahr lang schmerzfrei.

Ein Ort. Irgendwo

Die meisten Gäste waren schon gegangen, als Andreas für den «inner circle», wie er seine engsten Freunde zärtlich nannte, noch eine große Kanne Kaffee kochte und den drei Jahre gelagerten, selbstgebrannten Kirschschnaps aus der Speisekammer holte. Um den großen runden Tisch, der im Laufe seines Daseins für etliche Wohngemeinschaften zwischen Kreuzberg und Charlottenburg Speise und Trank getragen hatte, saß der harte Kern, der schon in den verschiedensten Paarungen miteinander gelebt oder gearbeitet hatte. Sabine drehte wie üblich kleine Joints, die sie nach rechts und links anbot, Helmuth blätterte in einer Illustrierten, Lena tauschte mit Lutz Gehässigkeiten über einen Fernsehredakteur aus, der sie früher gequält hatte und jetzt – manchmal geht es doch gerecht zu! – vom Kultur- zum lokalen Nachrichtenredakteur degradiert worden war, und Walter dachte laut darüber nach, ob er vielleicht doch mal wieder eine Zigarette rauchen solle, nur gesund leben mache schließlich auch nicht glücklicher.

«Und, wie fühlst du dich nach dem ersten Tag als Vierzigjähriger?» klappte Helmuth die Zeitschrift zu, nahm einen scharfen, schnellen Zug aus dem Stick, den Sabine ihm angeboten hatte, und schaute den Freund erwartungsvoll an.

«Was soll sein?» seufzte Andreas und kippte ein Glas Schnaps hinunter, «Jugend wild, Alter mild. Im Grunde bleibt für die nächsten vierzig Jahre nur noch die subversive Kraft der Arbeit.»

Lutz und Lena unterbrachen ihren Funkhausklatsch. «Interessant», sagte Lena spitzmäulig, «dann kann ich mich ja um all die Damen kümmern, denen du fürderhin keinen Blick mehr schenkst.»

«Du wirst aber auch nicht jünger, meine Liebe», legte Lutz seinen Arm um Lenas Schultern und steckte ihr einen Joint zwischen die Lippen.

«Hauptsache, du kriegst kein Aids», ätzte die zurück, «damit wir dich auch noch beim Älterwerden beobachten dürfen.»

«Soll ich jetzt eine rauchen oder nicht?» stöhnte Walter.

«Rauch nur, rauch, bis es dir aus den Ohren wieder rauskommt», nickte Sabine verständnisvoll beim Drehen ihrer Haschischzigaretten, «andere Laster werden wir bald sowieso nicht mehr haben. Kennt ihr eigentlich den, wo eine Frau die andere fragt: Rauchst du auch immer danach? Und die andere sagt: Mensch du, weiß ich gar nicht, hab noch nie nachgeguckt...»

Lena verdrehte mißbilligend die Augen, als alle am Tisch kicherten. «Die einzige Nichtraucherin, mit der ich mal was hatte, war vom Marburger Spartakus.»

«Muß ja schon etwas länger her sein», warf Lutz ein, «war die nicht unheimlich verklemmt? Kommunisten haben doch naturgemäß keine Ahnung von Erotik.»

«Denkste!» triumphierte Lena, «sie war eine von denen, die genau wissen, was romantisch ist! Kleinbürger haben dafür nämlich viel mehr Sinn als unsereiner. Obwohl ich damals schon drei Jahre in Berlin wohnte, konnte sie mir einen der idyllischsten Orte der Stadt zeigen, den Glienicker See hinter Spandau. Und dort, wo es nichts als Wiesen, Bäume und Wasser gab, da hat sie mich verführt. Es war hinreißend, aber leider wurde währenddessen ihr Auto geklaut, in dem unsere ganzen Klamotten lagen. Glücklicherweise hatten wir noch zwei Handtücher und eine große Decke. Es war ein Spießrutenlauf, bis wir endlich jemanden trafen, der uns zwei Groschen schenkte und wußte, wo die nächste Telefonzelle stand...»

«In Klein-Venedig wäre das nicht passiert», sagte Helmuth, nachdem sich alle wieder beruhigt hatten. «Da kann man nämlich nur hinpaddeln.» «Wie gräßlich», entfuhr es Sabine, «naß und eng, so ein Paddelboot.»

«Viel drin machen kann man nicht», gab Helmuth zu, «und anstrengend ist es auch, aber die meisten meiner Freundinnen waren tief beeindruckt von der Schönheit und Einsamkeit dieser Oase mitten in der Havel, besonders im Frühjahr, wenn die ersten Sonnenstrahlen schon ein bißchen wärmen, das Wasser so eine leicht aggressive Spritzigkeit hat, die Frösche quaken und die ersten Seerosen auf der Wasseroberfläche auftauchen ...»

«Hör auf», unterbrach ihn Sabine, «dieser wachsende Naturwahn, davon krieg ich noch mitten im Winter Pollenallergie.»

Andreas schob der dürren Sabine ein Gläschen mit Kirschwasser hin: «Beruhige dich, deine Allergien kriegen wir schon in den Griff. Ich habe seit jeher die Theorie vertreten, daß Heuschnupfen und Blütenallergien Ausdruck der reinen Aggression gegen Sex der Natur sind. Deine massive Abwehr zeigt mir wieder mal, wie recht ich habe. Komm nächste Woche in meine Praxis, ich mach dir einen Termin frei.»

«Laß mich in Ruhe mit deinen Kügelchen», winkte Sabine ab, «ich steh auf Kaffee und Chemie, und daran möchte ich bis an mein Lebensende auch festhalten.»

«Na gut», zuckte der Homöopath die Achseln und lehnte sich zurück, «man soll keinen zu seinem Glück zwingen. Aber dann mach du auch nicht das Glück der anderen kaputt!»

«Sabine meint das nicht so», nahm Helmuth seine ehemalige Geliebte in Schutz, «als wir zusammen waren, da kannte sie ja gar nichts von Berlin außer den Weg von ihrer Wohnung bis zum ‹Schlehmil› oder ‹Spektrum›. Einmal wäre sie damals fast mitgekommen, aber ein Paddel brach, als wir gerade loswollten, und so haben wir statt dessen den ganzen Nachmittag auf einem Ausflugsdampfer rumgesoffen – unter Deck natürlich, weil Sabine die Sonne haßt.»

«Das war doch klasse!» erinnerte sich Sabine strahlend, «wir haben so viele von diesen kleinen Fläschchen mit klebrigem Pflaumenlikör getrunken, daß Helmuth auf allen vieren die Reling runtergekrochen ist.»

Walter drehte immer noch unschlüssig die Zigarette zwischen den Fingern. «Ich hab noch nie gepaddelt», sagte er trübsinnig.

«Dein Glück», meinte Lutz, «bei deinem Gewicht könnte das katastrophal enden.»

«In den siebziger Jahren hatte ich immer ein Paddelboot zum

Aufblasen im Kofferraum», sinnierte Helmuth, «und zwei Flaschen Selter. Eine gegen den Durst, die andere zum Ankern.»

«Ich hasse Paddelbootfahrer», meldete sich Lena dumpf aus der Speisekammer, wo sie Zutaten zum Pfannkuchenbacken suchte. «Ich hatte mal eine Frau im ersten Frauen-Darkroom kennengelernt, Ingeborg hieß sie, und mit der bin ich wieder zum Glienicker See rausgefahren. Sie war wahnsinnig sportlich und wollte unbedingt zu der kleinen Insel rausschwimmen, wo wir hofften, ganz für uns zu sein. Aber als wir völlig erschöpft auf der Insel ankamen, hatten sich schon sämtliche Paddelbootfahrer Berlins dort eingefunden. Es herrschte ein Getöse wie im Wannseestrandbad: Die Männer hörten Bundesliga aus dem Kofferradio, und die Frauen saßen strickend und mit Alufolie auf der Nase daneben. Absoluter Turn-off!» Mit Mehl und Zucker in der Hand kam sie aus der Kammer heraus und inspizierte den Inhalt des Kühlschranks.

«Sag ich doch, daß Natur für'n Arsch ist», nickte Sabine befriedigt, «ich möchte einen mit Äpfeln.»

«Ich mit Käse, ach nee, mit Käse und Schinken», hellte sich Walters Gesicht auf, und er schob die Zigarette zurück in die Schachtel.

«Ich weiß gar nicht, ob Eier da sind», erhob sich Andreas und stellte sich neben Lena vor den offenen Kühlschrank. «Vielleicht geht's aber auch mit Backferment», kramte er ein verstaubtes Päckchen aus dem Regal hervor.

«Iiihhh», kreischte Sabine, und auch Walters Miene verzog sich gequält.

«Da oben sind Eier», zeigte Lutz auf den Küchenschrank. «Ich finde Natur ja eigentlich auch blöd, aber vor dem Mauerfall gab's in Berlin doch einige sehr abenteuerliche Plätze. Wenn ich nur an das Lenné-Dreieck bei Anbruch der Dämmerung denke, da habe ich meine Jungs sehr gerne hingeführt.»

«Wo ist das denn?» fragte Sabine und schälte einen Apfel.

«Nicht so dick», entrüstet nahm ihr der Gourmet und Hobbykoch Apfel und Messer aus der Hand, «dreh du lieber Joints, das kannst du besser. Das Lenné-Dreieck war gegenüber vom Esplanade an der Entlastungsstraße. Eigentlich gehörte es dem Osten, aber irgendwann wurde es eingetauscht und ging an den Westen. Das war verwildertes Niemandsland, sehr romantisch, aber auch abenteuerlich, weil es ja zum Osten gehörte. Könnt ihr euch nicht mehr daran erinnern, als dort das Hüttendorf stand? Es muß zu einer Zeit gewesen sein, als unsereiner solche Einrichtungen schon nicht mehr zu schätzen wußte. Ich weiß gar nicht mehr, wogegen die Bewohner damals demonstriert haben, entweder gegen Atomenergie oder für Hausbesetzungen, auf jeden Fall war es total matschig und stank fürchterlich nach Pisse.»

«Wirklich sehr romantisch», schaute Walter vom Käsereiben hoch, «ich denke, Schwule sind Ästheten?»

«Auf jeden Fall mehr als so mancher Hetero», hob Lutz die Augenbrauen und wischte demonstrativ ein paar Käseflocken von Walters T-Shirt, wodurch alte Fettflecken um so deutlicher zutage traten. «Du glaubst doch nicht, daß ICH mir so die neue Gesellschaft vorstellte – ich hab das eben den Jungen gezeigt, die gerade aus Westdeutschland angekommen waren, und die fanden das irre! Aber noch romantischer war eigentlich die Müllkippe hinterm Wannsee.»

Walter schüttelte wortlos raspelnd den Kopf. «Toll», sagte Sabine und zündete einen Joint an, «auf so was wär ich nie gekommen. Gibt's die noch?»

Lutz verneinte bedauernd: «Leider nicht. Die verrücktesten Plätze sind ja durch die Maueröffnung verschwunden oder haben viel von ihrem Zauber verloren. Von dieser Müllkippe aus konnte man ungehindert auf den Osten gucken. Nur Wald, dazwischen alte Pavillons auf einem abgeräumten Niemandslandstreifen und unwahrscheinlich viele Krähen...»

«Ist doch morbide», wehrte Andreas den angebotenen Joint ab. «Abgesehen davon, daß man jetzt überall auf den Osten gucken kann, finde ich, daß Wasser dabei sein muß, wenn man verliebt ist. Ich bin mit meinen Freundinnen immer um den Grunewaldsee spaziert, immer um den Grunewaldsee, weil es da so schön moorig ist. Beim Laufen hab ich sie dann manchmal, wie aus Versehen, mit der Schulter berührt.»

«Ach wie süß», zwitscherte Lena und ließ zischend Butter in die heiße Pfanne fallen,«ach, ich hab sie ja nur mit der Schulter berührt...», sang sie, während der Pfannkuchenteig aus der Suppenkelle rann.

«Im Darkroom geht es sicher anders zur Sache», bestätigte Andreas, «aber ich bin eben ein zurückhaltender Typ. Wenn man sich noch nicht so richtig kennt, dann möchte man dem andern doch etwas von sich zeigen, ganz vorsichtig. Und da finde ich Spazierengehen am schönsten. Ein Treffen in einer Kneipe wär mir viel zu intim, da sitzt man so nah beieinander.»

«Dabei ist gerade deine Generation zum Verführen immer ins Kino gegangen», hakte Lena nach, «wie hältst du das denn aus?»

«Eben gar nicht», antwortete Andreas, «nebeneinander und dann noch im Dunkeln – nicht auszudenken. Nein, ich finde, Laufen schafft Distanz. Und gerade die Zurückhaltung macht Frauen ganz wild –»

«Tatsächlich?» hob Walter interessiert den Kopf über seinem Käsestreuselberg.

«Keine falschen Hoffnungen», nahm ihm Sabine, auf einem Apfelkrietsch kauend, den Teller mit dem Käseberg weg, «bei dir nützt selbst das nichts, weil die Frauen instinktiv wissen, daß du nicht wirklich sensibel bist, sondern nur so tust.»

«Aber Frauen stehen doch auf Grobheiten», mischte sich Helmuth ein. «Ich will nur mit Zimt und Zucker und vielleicht noch 'n Schuß Kirschwasser drüber.»

«Mach's dir selber», knallte ihm Lena einen Pfannkuchen hin.

«Aber inwiefern hat sich denn deine Zurückhaltung bei den Frauen bezahlt gemacht?» bohrte Walter weiter und hatte schon wieder die Zigarette in der Hand.

Andreas strich sich nachdenklich den Bart. «Du wirst es nicht glauben, aber am Grunewaldsee habe ich mindestens dreimal die Erfahrung gemacht, daß die Frauen an der Hundebadestelle über mich herfielen.»

«Echt, immer an der Hundebadestelle?» echote Walter ungläubig.

«Heteros sind irgendwie seltsam, was?» trat Lutz neben Lena an den Herd und streute sorgsam Käse auf die brutzelnde Teigmasse in der Pfanne.

«Der eine liebt eben die Dekadenz der Müllkippe, während der andere die Traurigkeit mooriger Wälder bevorzugt», seufzte Helmuth, «ich hingegen wünschte, ich würde mich überhaupt mal wieder verlieben.»

«Das bringt bei Verheirateten nur Ärger», drohte Sabine dem zweifachen Familienvater. «Ich hatte mal was mit 'nem verheirateten Israeli...» Nun prusteten alle los. «Auja, Sabine», juchzte Lena, «erzähl eine deiner tragischen Liebesgeschichten.»

«Nein», protestierte Walter, «Andreas soll erst weiter von seiner raffinierten Zurückhaltung erzählen!»

Sabine schwieg beleidigt und zerbröselte ein Haschischbröckchen. Andreas streute sich bedächtig Zucker und Zimt auf seinen Pfannkuchen. «Ich bin nicht raffiniert», sagte er ernsthaft, «ich bin nur schüchtern, und das macht Frauen mutig.»

Sabine hielt im Bröseln inne. «Also, mich machen schüchterne Männer nervös», begann sie, wurde aber von Lena unterbrochen, die ihr einen neuen Apfelpfannkuchen hinstellte: «Iß was, damit was aus dir wird, und sei ruhig», sagte sie, «vielleicht kannste noch was lernen.»

«Ich bin schüchtern», hub Andreas wieder an, «und ich liebe traurige Orte.» Er ignorierte Sabine und Lutz, die sich verdutzt anstarrten.

«Wenn du noch nicht gebunden wärest, könntest du so glatt 'ne Kontaktanzeige anfangen lassen», sagte Sabine.

«Am liebsten gehe ich mit einer Frau in der Nacht am Landwehrkanal entlang», fuhr Andreas fort, «bis zu der Stelle, wo sie Rosa Luxemburg ins Wasser geworfen haben. Dort ist es zwar dunkel, aber es gibt Laternen, also ist es nicht zu dunkel und auch nicht zu einsam. Ich kann mich nämlich nicht entspannen, wenn ich dauernd fürchten muß, daß jemand aus dem Gebüsch herausgesprungen kommen könnte, und ich mich als Held beweisen müßte.»

«Aber du liest doch dauernd in diesen Heldenschwarten rum», nörgelte Walter, der inzwischen die unangezündete Zigarette zwischen den Lippen hatte.

«Hör auf», warnte Lena, «deine Frau wird es riechen, wenn du ins Bett kommst, und sie wird es nicht mögen, ich schwör's dir!»

«Du kannst ja mit zu mir kommen», lockte Sabine kokett, «mich stört kein Nikotin, und ich liebe Männer, die was Verbotenes tun – der Israeli zum Beispiel fand es antörnend, wenn ich ihm samstags Rippchen machte.»

«Sabine!» drohten Walter und Helmuth wie aus einem Munde. «Andreas hat Geburtstag, und er darf jetzt aus seinem Leben als Mann erzählen, und wenn jemand mit zu dir kommt, dann ich!» fügte Helmuth keck hinzu.

«Da gibt es ja gar nichts zu erzählen», gab sich Andreas bescheiden, «in den Heldensagen lese ich nur, wenn ich heldische Arznei prüfe, und so viele Frauen hatte ich doch gar nicht – höchstens in den anderthalb Jahren zwischen Katharina und Marianne, da war ich in der Schorfheide, in dem Wald, wo Göring seine Wisente hielt, immer sehr erfolgreich mit meinen Nackenmassagen.»

«Echt?» staunte Lena. «Das wirkt?»

«Daraus hat sich öfter was ergeben», nickte Andreas zufrieden, «aber ich kann auch extrem gut massieren, so gut, daß es vielleicht sogar dich überzeugen würde.»

«Laß gut sein, ich heile mich selbst», sagte Lena würdevoll und widmete sich der Verlängerung des Pfannkuchenteigs.

«Der Schüchterne mit den scharfen Nackenmassagen, daß ich nicht lache», meldete sich Lutz und rückte seinen Siegelring zurecht.

«Schorfheide», sagte Walter sinnend und steckte die eingespeichelte Zigarette hinters Ohr, «wo ihr alle hinfahrt – ich hingegen bin immer nur bis Wannsee gekommen.»

«Walter kam nur bis Wannsee», kicherte Sabine, «Lena, das

wär doch ein toller Film für deine Produktion. Walter kam nur bis Wannsee – in so einen Film würde ich reingehen!»

Helmuth wußte sofort Bescheid. «Hast du etwa deiner Frau auch einen Heiratsantrag am Kleistgrab gemacht?»

Walter grinste verlegen. «Nee, am sowjetischen Ehrenmal in Treptow. Aber bevor ich Tine kennenlernte, hab ich alle Frauen ans Kleistgrab geschleppt. Man mußte mit der S-Bahn fahren, das fanden die meisten schon unheimlich spannend...»

«Man kann auch mit dem Fahrrad dort hinfahren», sagte Lutz und tupfte sich sorgfältig mit einem Kleenex die Mundwinkel ab, «aber dabei muß man sich natürlich körperlich betätigen, das tust du ja nicht so gerne, außer bei diesem öden Rein-Raus-Spiel...»

«Das mit der S-Bahn fanden die meisten Frauen schon unheimlich spannend», ließ Walter sich nicht aus dem Konzept bringen, «peinlich war allerdings, als ich einmal mit einem Mädchen dorthin fuhr und wir in der S-Bahn eine Frau trafen, mit der ich auch schon einmal dagewesen war, die mich ganz harmlos und tückisch fragte: Na, wieder unterwegs zum Kleistgrab? – Man muß an einem schönen Nachmittag dort sein, wenn das Licht schon milder geworden ist, dann ist es gruselig und romantisch zugleich. Kleist hat mir ja immer viel bedeutet, und deshalb wollte ich das Grab auch meinen Freundinnen zeigen. Ob die Kleist kannten oder nicht, war mir egal – ich hatte immer einen Band dieser handlichen Hanserausgabe in der Jackettasche, die Ausgabe mit den Briefen, aus denen habe ich dann vorgelesen...»

«Auch seine Verfügungen, wer welchen Mantelknopf bekommt?» erkundigte sich Lena angelegentlich. «Und hast du ihnen auch erzählt, daß sich dort eine gewisse Henriette Vogel mit ihm umgebracht hat, der immer noch kein offizieller Gedenkstein gewidmet ist?»

«Selbstverständlich, meine Gute», lächelte Walter maliziös, «zumal deine Feministinnenfreundinnen auch ab und zu dafür sorgen, daß es niemand vergißt. Sie stellen dort Hinweistafeln auf, die aber immer wieder entfernt oder zerstört werden.»

«Mann, jetzt ist mir aber prima übel», meldete sich Sabine zu

Wort, die soeben ihren dritten Apfelpfannkuchen verspeist hatte«, sag mal, erzählste denen denn auch, daß Kleist Frauen nur angemacht hat, um sich mit ihnen umzubringen?»

«Erzählte», korrigierte Walter, «– nein, das hab ich ihnen nicht erzählt, weil es mich nie interessiert hat. Er ist doch trotzdem unser größter Dichter, oder willst du das etwa bestreiten?»

«Gott bewahre», entschuldigte sich die bedröhnte Sabine eilfertig, «allein schon die Idee mit dem Jungen, der in aller Unschuld seinen Fuß abtrocknet, dabei an die Statue eines anmutigen Jünglings denken muß, der sich in aller Grazie einen Splitter aus dem Fuß zieht, und fortan einer der sieben Todsünden frönt, weil er immer eitel vor dem Spiegel steht – und als ein Jahr verflossen war, war keine Spur mehr von der Lieblichkeit in ihm zu entdecken ... – das gibt wahrhaftig zu denken, nicht wahr, Lutzilein?» wandte sie sich dem Angesprochenen zu, der behaglich an einer Davidoff schmauchte und seine manikürten Fingernägel betrachtete.

«Das kenn ich doch schon irgendwie so ähnlich von Oscar Wilde», murmelte er.

«Jaahh», trumpfte Walter auf, «der war aber viel später! Ihr seid eben doch nur kulturelle Epigonen.»

«Ich will jetzt endlich wissen, wo Sabine ihre Angebeteten hinführt und was mit dem verheirateten Israeli passiert ist», sagte Lena ungeduldig.

Sabine lächelte versonnen: «Ach, der Israeli ... so klein und so geil ... mit ihm bin ich immer in das Restaurant im 18. Stock des Europa-Center gegangen. Ich liebe doch Türme, also führe ich alle potentiellen Liebhaber erst mal dorthin. Das Essen ist teuer und schlecht, selbst der Kaffee schmeckt grauenhaft, aber die Aussicht bei Dunkelheit auf die Achsen von Ku'damm und Kantstraße mit den ganzen Laternen und Autoscheinwerfern ist einmalig, und man trifft garantiert niemanden, den man kennt.»

«Das ist ja wichtig, wenn man sich mit Verheirateten einläßt», merkte Lutz an.

«Davon hast du doch gar keine Ahnung», fauchte Sabine zurück, «außerdem war ich auch schon mit Ledigen oder Geschiedenen auf

Türmen – entweder im Europa-Center oder auf dem Fernsehturm am Alex. Da ist das Essen auch schlecht, aber dafür dreht sich das Restaurant. Ich bezahle immer den Aufzug, kostet fünf Mark pro Person, aber dann müssen mich die Männer im Restaurant einladen.»

«Aber das macht doch gar keinen Sinn, wenn das Essen schlecht ist», warf Walter ein, der aus Erregung über die vorangegangene Kleist-Debatte eine Zigarette rauchen mußte.

Sabine stutzte kurz, entschloß sich aber dann, sich nicht auf eine Debatte über Kosten und Nutzen einzulassen. «Ich war noch nie lange genug mit einem zusammen, um mit ihm auf beide Türme gehen zu können – das absolute Nonplusultra wäre, auch noch auf den Funkturm zu steigen. Ich war ja meistens mit Ausländern unterwegs, Chinesen oder Türken...» – «Nicht zu vergessen der Israeli», kicherte Lena dazwischen. «Und die mußten bald wieder fort», ließ sich Sabine jetzt nicht mehr unterbrechen, «als ich aber meinen Türken mal in Ankara besuchte, sind wir gleich auf den dortigen Fernsehturm gegangen. Für Türme lassen sich eigentlich alle schnell begeistern. In letzter Zeit geh ich auch ganz gerne auf den Potsdamer Platz und schaue den Bungee-Jumpern zu. Es wird einem so angenehm kodderig beim Zugucken.»

«Du hast ja komische Gelüste», wunderte sich Andreas, «muß ich gleich mal in der Arzneimittellehre nachschauen, was das für ein Mittel ist: liebt, wenn ihm übel wird – ein Symptom, das mir noch nie untergekommen ist.»

«Neulich hat mich da ein junger Typ angemacht», fuhr Sabine fort, «und ich sag noch, Mensch, ich könnte deine Mutter sein – wißt ihr, was der geantwortet hat? Auf alten Schiffen lernt man segeln. Frech, was?»

«Aber gut», nickte Helmuth nachdenklich, «schlagfertig sind die jungen Leute ja doch, das muß man ihnen lassen...»

«Und? Ist was mit ihm gelaufen?» wollte Lena wissen.

«Er arbeitete bei diesem Bungee-Dings und hat mir einen Freiflug geschenkt», antwortete Sabine.

«Sag nicht, daß du auch wirklich gesprungen bist», fragte Lutz in ungläubigem Staunen.

«Hör mal, ich bin Schwäbin – wir lassen doch nichts verkommen», freute sich Sabine darüber, wie sehr die versammelte Runde beeindruckt war. «Natürlich bin ich gesprungen! Und ich kann euch gar nicht sagen, wie glücklich ich war – noch drei Tage später!»

«Soviel Drogen kann man sich wahrscheinlich gar nicht spritzen, wie der Körper bei einem solchen Sprung Adrenalin ausschüttet», bestätigte Andreas.

«Du meinst, es sei also richtig gesund?» wollte Lena wissen.

«Ich hab auf jeden Fall seitdem überhaupt keine Verspannungen mehr», sagte Sabine, «und das letzte, was ich beim Springen gesehen habe, war der Fernsehturm!»

«Dann brauchste ja auch keinen Israeli mehr», merkte Lena an, «immer wenn du unruhig wirst, gehste Bungee jumpen...»

Andreas blickte von seinem dicken Arzneimittelbuch hoch: «Ignatia», sagte er verblüfft, «das Mittel der Paradoxie... hätt ich mir ja denken können. Das sind auch die, denen bei Magenschmerzen eine Tasse Kaffee guttut.»

Ohne daß es einer gemerkt hatte, hatte Paul die Küche betreten. Andreas' sechzehnjähriger Sohn war vom Raven zurückgekommen und schnupperte erwartungsvoll in den Raum: «Mmmhhmm – Haschisch und Pfannekuchen – was für eine schöne Mischung. Gibt's noch was? Ich möchte gerne einen mit Äpfeln, oder vielleicht doch lieber mit Käse...»

Lena stand seufzend auf, um sich wieder an den Herd zu begeben. «Sag mal, Paul», fragte sie, als sie erneut Butter in die Pfanne warf, «wo würdest du denn hier in Berlin mit einem Mädchen hingehen, wenn du ihr was ganz Tolles zeigen willst, um sie zu verführen?»

Paul schaute kurz von seinem Tabakpäckchen hoch: «Wenn ich ihr was Tolles zeigen wollte, würde ich mit ihr den Ku'damm rauf- und runterlatschen, aber wenn ich sie verführen will, dann würde ich ihr mein Zimmer zeigen.» Und widmete sich fortan dem geschickten Drehen einer Zigarette.

26,–